UNA INTRODUCCION INFORMAL A LOS MATERIALES ESTRUCTURALES Y A LAS ESTRUCTURAS

Luis A. de Vedia

Buenos Aires – 2014

Palabras preliminares

El presente libro constituye una introducción un tanto informal a la naturaleza y al comportamiento mecánico de los materiales estructurales y a las estructuras que con ellos se construyen. Pero informal no significa que no sea serio ni sacrificar excesivamente el rigor en beneficio de la claridad. Simplemente implica dejar de lado aspectos de detalle que no son esenciales para una razonable comprensión de los aspectos tratados. Si bien este libro está dirigido principalmente a estudiantes de ingeniería, los temas presentados en el cuerpo principal del texto deberían ser de todos modos accesibles a quienes han tenido una exposición a la física y la química en la forma en que se brinda habitualmente en el nivel secundario. Del mismo modo la matemática empleada, inevitable por cierto si se persigue una comprensión razonable de los distintos temas tratados, se ha limitado en el texto principal al álgebra elemental que forma parte de los programas de la escuela media. Desarrollos y demostraciones que exigen un herramental matemático un poco más avanzado, pero no más allá del que posee cualquier estudiante de primer año de las carreras de ingeniería o ciencias físicas, ha sido relegado a Apéndices al final del texto cuya lectura si bien aconsejable, no es imprescindible para la comprensión de las ideas fundamentales.

Los materiales estructurales han permitido a través de la historia, la concreción de obras que han sido y siguen siendo motivo de admiración y goce estético en todo el mundo. Lo que este libro pretende es llevar a quien tenga la inquietud de conocer algo sobre esta apasionante área de la ciencia y la tecnología, una visión más o menos panorámica de cómo se comportan esos materiales cuando son solicitados por cargas de servicio y de qué modo pueden ser utilizados en la forma más eficiente posible. El matrimonio relativamente reciente entre la física, la química y la ingeniería ha dado lugar a materiales con estructuras y propiedades que hubieran parecido imposible de lograr hasta no hace muchos años y es uno de los aspectos en los que procura incursionar esta obra.

Finalmente, quiero expresar mi reconocimiento a las instituciones en la que tuve oportunidad de desarrollar la mayor parte de mi actividad profesional y académica. Estas son: la Comisión Nacional de Energía Atómica, en particular al Instituto de Tecnología Prof. Jorge Sabato, perteneciente a esa Comisión y a la Universidad Nacional de San Martín, al Instituto de Investigaciones en Ciencia y Tecnología de Materiales (INTEMA), dependiente de la Universidad Nacional de Mar del Plata y del CONICET, al Dpto. de Mecánica de la Facultad de Ingeniería de la UBA y a la Fundación Latinoamericana de Soldadura. Mi agradecimiento a todos mis ex alumnos, becarios y tesistas de todas estas instituciones, cuyo entusiasmo y dedicación han constituido para mí la mayor gratificación y estímulo.

Luis A. de Vedia

Buenos Aires, Mayo de 2014

Contenido

....a Ana María, mi mujer.

1. Cómo se unen los átomos para formar un material. Los enlaces atómicos.

1.1 ¿Pero, qué es un material estructural?

En términos no muy rigurosos, podemos definir a los *materiales* como aquello de lo cual están constituidos los objetos que percibimos con nuestros sentidos. Sabemos que estos materiales pueden encontrarse en estado *sólido, líquido* o *gaseoso*. De todos modos, como nos ocuparemos sólo de aquellos materiales que pueden cumplir un rol estructural, nos limitaremos a considerar únicamente los materiales sólidos, entendiendo por estos aquellos materiales que oponen una resistencia apreciable a la deformación o a la rotura, a diferencia de los líquidos y los gases que no presentan resistencia a la deformación y se adaptan espontáneamente a la forma del recipiente que los contiene.

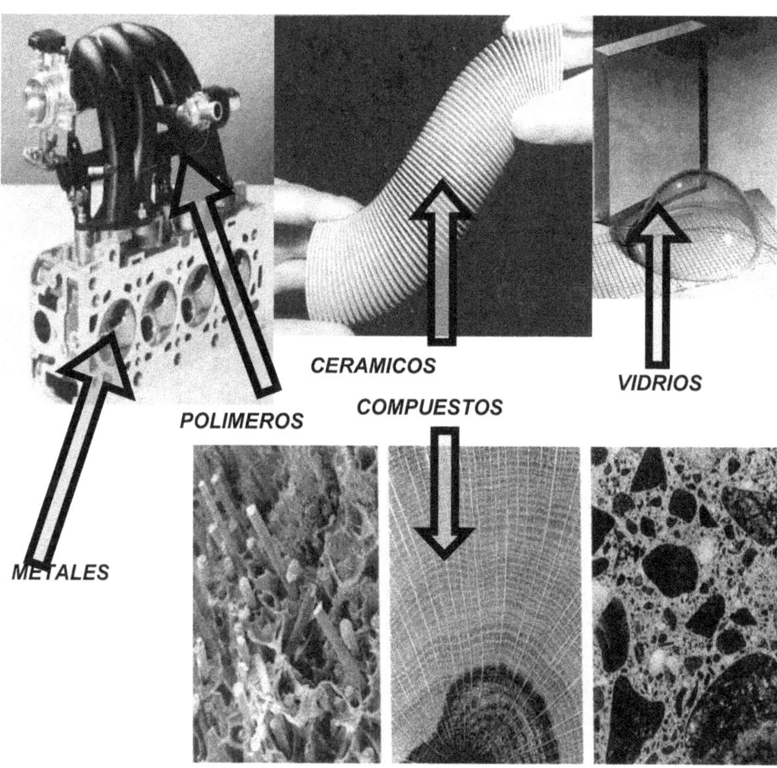

Fig. 1.1 - Ejemplos de los distintos tipos de materiales

Sin embargo, no todos los materiales sólidos son adecuados para su empleo como *materiales estructurales*. Para aclarar esto, definiremos a los materiales estructurales como los materiales (sólidos) de los que están hechos los *elementos* o *componentes estructurales*, entendiendo por estos los elementos o componentes cuya función principal es transmitir esfuerzos mecánicos o la retención de presión. Esta es una definición muy general según la cual califica como elemento o componente estructural desde una biela o un cigüeñal de un motor de combustión interna, hasta una viga, una columna, un puente, un recipiente de presión o una tubería.

Pero para que un material pueda desempeñarse satisfactoriamente como material estructural no es suficiente que pueda resistir los esfuerzos que tiendan a deformarlo o a romperlo, Sin embargo, esta función primordial debe ser satisfecha muchas veces en ambientes hostiles como medios corrosivos o de alta temperatura. Tiene que ser capaz de absorber una cierta cantidad de deformación antes de alcanzar la rotura si el esfuerzo que se le aplica es lo suficientemente elevado. Los materiales que tienen este último atributo se denominan *dúctiles* y sin duda los metales representan el ejemplo más común de ellos. Hay en cambio materiales que si bien pueden resistir esfuerzos importantes, excedido cierto límite de carga se rompen prácticamente sin experimentar deformación. Son lo materiales que denominamos *frágiles* como por ejemplo los vidrios. Por este motivo los vidrios no son normalmente empleados como materiales estructurales aunque su resistencia mecánica es comparable a la de algunos aceros y es la razón por la que los puentes de cristal sólo existen hasta ahora en la literatura fantástica.

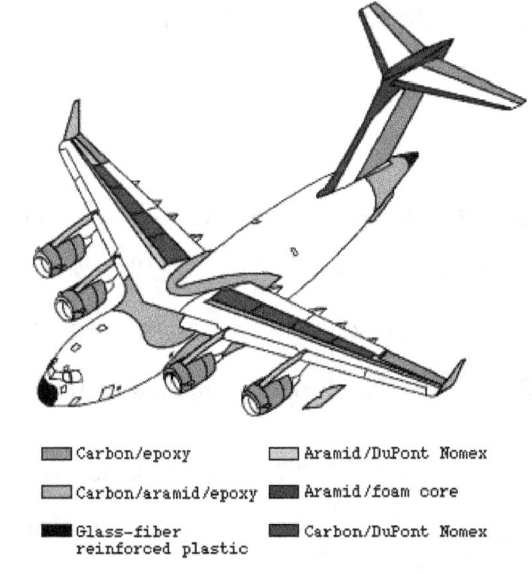

Fig. 1. 2 - Materiales que constituyen una aeronave moderna

La **Fig. 1.1** nos muestra algunos ejemplos de los distintos tipos o clases de materiales con que contamos en la actualidad, es decir:

- Metales

- Polímeros
- Cerámicos
- Vidrios
- Compuestos

Por ejemplo, la estructura de los aviones modernos contiene, a diferencia de las aeronaves del pasado, construidas casi enteramente en aluminio y acero, una diversidad de materiales. Entre estos se destacan los compuestos avanzados consistentes en filamentos de grafito y boro en una matriz epoxy. En el esquema de la **Fig. 1.2** vemos un jet Air Force 17 mostrando las partes hechas con compuestos de matriz polimérica.

Un elemento metálico se caracteriza por constituir sólidos que poseen en general buena conductividad eléctrica y térmica, lo que a su vez deriva de la presencia de electrones libres en el seno del sólido que constituyen. Además, y esto es una característica muy importante de los metales que tiene un correlato directo con las propiedades mecánicas que los cuerpos sólidos metálicos poseen, los átomos metálicos en el sólido se disponen según un arreglo periódico espacial que se conoce como arreglo o estructura cristalina.

Los polímeros comerciales, conocidos habitualmente como plásticos, son típicamente compuestos de los elementos H, C, N, O, F y Si. Los polímeros son en general aislantes eléctricos aunque en la actualidad se han desarrollado polímeros conductores para ciertas aplicaciones especiales. A diferencia de los metales, que mantienen su resistencia mecánica a alta temperatura, los polímeros no son en general aptos para servicio a temperaturas elevadas.

Los cerámicos en cambio, son combinaciones de uno o más elementos metálicos con uno o más de los elementos C, N, O, P y S. Los cerámicos se caracterizan por poseer una alta resistencia mecánica y por ser buenos aislantes eléctricos y térmicos. Su limitación más importante desde el punto de vista estructural es su fragilidad. Comparten con los metales el hecho que su estructura es también cristalina.

1.2 ¿Por qué los sólidos son resistentes a la deformación?

Para responder a esta importante pregunta, debemos adentrarnos en la *estructura interna*, podríamos decir en la *arquitectura interna* de los materiales sólidos. Sabemos que todos los materiales, no sólo los sólidos sino también los líquidos y los gaseosos, están constituidos por pequeñas partículas que se denominan, según el caso, átomos o moléculas. De manera no muy rigurosa, podemos definir a un átomo como la porción más pequeña y simple de materia que contiene toda la información respecto de la sustancia a la que ese átomo pertenece. Es así por ejemplo que si tomamos una barra de azufre (cuyo símbolo químico es S), la porción más pequeña que contiene toda la información respecto de las propiedades químicas y físicas de este material, es un átomo de azufre. Las sustancias, que como el azufre, están constituidas por un solo tipo de átomo, se denominan *sustancias simples*. En la mayoría de las sustancias, los átomos no pertenecen a una única clase o especie sino que se encuentran *combinados*, es decir ligados o unidos a átomos de otra clase o especie. Por ejemplo en el caso del agua, dos átomos de hidrógeno (H) se encuentran unidos a un átomo de oxígeno (O). Este grupo, que siempre se presenta con la misma composición, es lo que se conoce como molécula y representa la porción más pequeña de una *sustancia compuesta* que contiene toda la información de sus características químicas y físicas. De manera que las sustancias simples están constituidas por un solo tipo de átomo mientras que las sustancias compuestas lo están por moléculas. Hay sin embargo excepciones: gases como el oxígeno o como el hidrógeno, si bien son sustancias simples ya que solo poseen átomos de un solo tipo, a temperatura ambiente están constituidos por moléculas en la que cada una está formada por dos átomos de oxígeno o dos átomos de hidrógeno respectivamente. En este caso decimos que los gases son *biatómicos*. Por el contrario, gases como el argón (A) o el helio (He) son *monoatómicos* ya que están formados sólo por átomos individuales de argón o helio respectivamente.

Nos preguntamos nuevamente ahora ¿por qué razón los sólidos resisten las deformaciones y no lo hacen en cambio los líquidos y los gases? La respuesta está directamente relacionada con el hecho que en estos últimos, es decir en los líquidos y en los gases, los átomos o moléculas que los constituyen prácticamente no interactúan entre sí. Esto significa que cada átomo o molécula de un líquido o un gas se comporta de manera independiente sin estar mayormente influenciada por la presencia de los átomos o moléculas vecinas. Por lo tanto, cualquier esfuerzo que se le aplique no encuentra resistencia al movimiento relativo de sus átomos o moléculas. Podemos recurrir a una analogía imaginándonos un recipiente lleno de pequeñas bolillas rígidas. Estas bolillas representarían los átomos o moléculas de un gas o de un líquido y como tales el volumen del conjunto se adaptaría a la forma del recipiente que las contiene. Por el contrario, en un material sólido, sus átomos o moléculas están vinculados entre sí por fuerzas interatómicas o intermoleculares que hacen que estos materiales sean resistentes a la deformación.

Para entender esto mejor, consideremos por ahora un material sólido que está constituido por átomos de una sola clase como podría ser por ejemplo un trozo de cobre (Cu). Podemos imaginar, sin equivocarnos demasiado, que los átomos de Cu en el interior del material están vinculados entre sí por fuerzas elásticas como si provinieran de resortes que conectan a dichos átomos como lo sugiere esquemáticamente la **Fig. 1.3**. Es evidente que para deformar el conjunto de átomos es necesario vencer la fuerza restitutiva de los resortes, ya que para adaptarse a la nueva forma impuesta al conjunto algunos deben estirarse y otros contraerse lo que le confiere al material una cierta resistencia a la deformación que estará vinculada a la rigidez de los resortes.

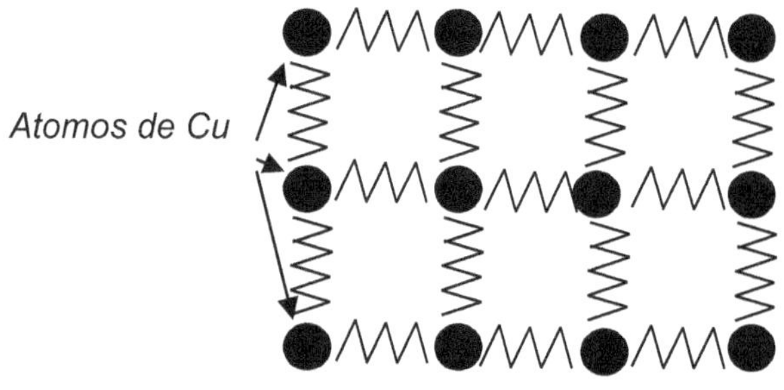

Atomos de Cu

Fig. 1. 3 – Modelo atómico de un sólido con enlaces elásticos.

En realidad, la naturaleza del enlace interatómico que hemos representado mediante un resorte elástico, es un modelo muy simplificado del tipo de enlace que vincula a los átomos de Cu entre sí. En el caso que hemos elegido como ejemplo, es decir el Cu, las fuerzas que vinculan los átomos entre sí son debidas al llamado *enlace metálico*, que es el tipo de enlace interatómico que caracteriza a todos los metales.

La mayoría de las propiedades de interés en los sólidos surgen del tipo de enlace que vincula los átomos que los constituyen. En efecto, estos enlaces determinan las propiedades mecánicas, térmicas y eléctricas que exhiben los distintos materiales. Las fuerzas electrostáticas que se generan entre la carga negativa de los electrones que rodean al núcleo atómico y las cargas positivas en el núcleo son enteramente responsables de la cohesión en los sólidos y las diferencias observadas entre los distintos materiales sólidos son, en última instancia, el resultado de la distribución de las cargas electrónicas. Por ejemplo, fuerzas de enlace fuertes conducen a temperaturas elevadas de fusión, distancias interatómicas más cortas y menores coeficientes de expansión térmica así como a mayores durezas y resistencia mecánica. Los distintos tipos de fuerzas de enlace conducen a estructuras moleculares o a estructuras tridimensionales ordenadas. Para entender el origen de tales estructuras, es necesario analizar aunque sea brevemente los distintos tipos de enlaces interatómicos: *iónico*, *covalente* y *metálico*.

1.3 Los enlaces interatómicos.

A fin de entender los enlaces interatómicos, será suficiente aquí referirnos al modelo del átomo de Rutherford-Bohr que lo concebían como un núcleo central de carga eléctrica positiva alrededor del cual orbitan los electrones de carga eléctrica negativa.

Puesto que los electrones son componentes comunes a todos los átomos, se suele considerar a su carga eléctrica como unitaria. La carga eléctrica de un electrón es e = 0.16 x 10-18 Coulomb. Las dimensiones de los núcleos atómicos son del orden de unos 10-12 cm, y son por lo tanto mucho menores que las distancias entre átomos y moléculas en los sólidos, que son del orden de unos 10-8cm. No obstante, el núcleo contiene la mayor parte de la masa del átomo. La región ocupada por los electrones es del orden de 10-7 a 10-8 cm, de modo que es aproximadamente equivalente a la distancia entre átomos y moléculas en los sólidos.

El químico ruso Ivanovich Mendeleiev, y el alemán Lothar Meyer, hacia 1870 hallaron independientemente una repetición periódica de las propiedades de los elementos cuando éstos se ordenaban de acuerdo con sus pesos atómicos crecientes[1]. Sin embargo, la clasificación por pesos atómicos presenta ciertas deficiencias siendo necesario alterar en algunos casos el orden de la clasificación para que ciertos elementos queden en el grupo que les corresponde de acuerdo con sus propiedades. Tal es el caso de iodo (I) y el telurio (Te), que con pesos atómicos respectivamente de 126,91 y 127,61, resulta necesario colocar al I a continuación del Te para que aquél quede en el grupo de los halógenos. Por tal motivo, la clasificación periódica en uso en la actualidad, denominada *extendida* y que se presenta de manera un tanto

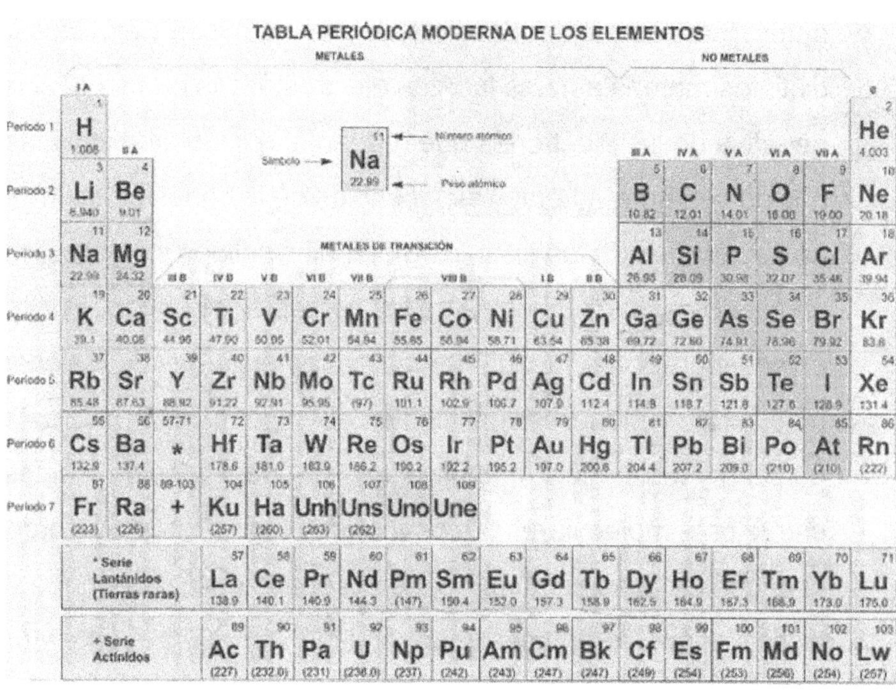

Fig. 1. 4 - Tabla periódica de los elementos químicos.

1 *Peso atómico (PA)*: es el promedio ponderado de las masas atómicas de los isótopos naturales de un elemento. Se suele medir en *Unidades de Masa Atómica* (UMA). La UMA es tal que hay 0.6022...x 1024 UMA por gramo.

distinta de lo que es habitual en la **Fig. 1.4**, ordena los elementos de acuerdo con su número atómico[2].

Siguiendo este criterio de clasificación se salvan las irregularidades que presenta la Tabla de Mendeleiev. La clasificación extendida sólo fue posible una vez conocidos los números atómicos de todos los elementos, lo que se debió en gran medida a las contribuciones del físico inglés Moseley, por lo que la nueva clasificación se denomina también de Mendeleiev-Moseley.

Podemos observar que cada *fila* o *período* termina siempre en un gas noble: He, Ne, A, Kr, Xe, Rn, y a medida que se avanza en la Tabla los elementos van completando sus capas o niveles siguiendo el Pio. de Exclusión de Pauli y la Regla de Hund, acercándose a la configuración electrónica del gas noble correspondiente. El número máximo de electrones que contiene un gas noble en su última capa es de 8 y de 18 en la penúltima. Por lo tanto, ningún elemento puede superar estos números aunque el orden de la capa sea 4, 5, 6, etc. En la Tabla Periódica de la **Fig. 1.4** puede verse que el 1er período comprende sólo dos elementos: H y He. En este último se completa la primera capa electrónica con dos electrones. El 2o período comprende 8 elementos y finaliza con el Neón (Ne) que completa su segunda capa con 8 electrones. El 3er período comprende también 8 elementos que terminan con el A, cuya última capa posee también 8 electrones, pero en las capas de orden superior al segundo, este grupo de 8 electrones tiene sólo una estabilidad provisoria ya que de acuerdo con el Ppio. de Exclusión el número máximo de electrones por capa es de 2*n*2 por lo que la tercera capa admitiría 2.32 = 18 electrones. El 4o período, que finaliza con el Kriptón (Kr), es entonces más largo, pues los sucesivos elementos deben ir llenando la penúltima capa, que por ser la tercera puede contener hasta 18 electrones (2.32), y la última (cuarta capa) 8. El proceso mediante el cual el grupo de 8 electrones de la tercera capa se expande hasta contener 18 electrones por el agregado de un subgrupo de 10 electrones, tiene lugar en los

[2] *Número atómico (Z)*: es el número de electrones asociados con un *átomo neutro*, es decir un átomo que no ha perdido ni ganado electrones adicionales (también es el número de protones en el núcleo). Se mide también generalmente en UMA.

llamados *elementos de transición* del *primer período largo*. Finalmente, se completa la cuarta capa hasta llegar al Kr. Un proceso similar ocurre en el 5o período o *segundo período largo* en el que la cuarta capa pasa de 8 a 18 electrones en los diez elementos de transición (2a Serie). Los restantes elementos, hacia el Xenón (Xe), llevan la quinta capa hasta 8 electrones. En el 6o período tiene lugar el llenado de la cuarta capa que admite hasta 32 electrones (2.42), lo que se produce en los elementos llamados *tierras raras, serie de los lantánidos*, que ocurren en el medio de los *elementos de transición* del *tercer período largo*. El 7o período se encuentra incompleto pues aún no se han encontrado suficientes elementos en la naturaleza o en el laboratorio como para completar las 5a, 6a y 7a capas electrónicas. Debemos mencionar que los elementos transuránidos aparecen en posiciones de la Tabla Periódica en las que el grupo de 18 electrones de la quinta capa se expande a 32 mediante el aporte de 14 electrones. Los elementos en los que esto ocurre se denominan *actínidos* para enfatizar su semejanza con los lantánidos.

El conjunto de elementos que se encuentran en una misma columna se llama *grupo*. La **Fig. 1.4** muestra los grupos IA, IIA, IIIA, IVA, VA, VIA, VIIA, y 0, que se denominan *principales*, los elementos de cada uno de estos grupos tienen entre sí propiedades químicas semejantes, mientras que las propiedades físicas se encuentran también relacionadas. Además, todos los elementos pertenecientes al mismo grupo tienen en su última capa el mismo número de electrones, lo que explica su similar comportamiento químico. Los grupos IIIB, IVB, VB, VIB, VIIB, VIIIB, IB y IIB corresponden a los elementos de transición. Los elementos de cada uno de estos grupos no presentan propiedades análogas con claridad.

Los elementos con uno o dos electrones en su última capa tales como Litio (Li), Sodio (Na), Magnesio (Mg), Cobre (Cu), Plata (Ag), etc., tienden a ceder estos electrones de manera de adquirir la configuración electrónica del gas noble más cercano en la Tabla Periódica. Son elementos de baja energía de ionización y se ionizan positivamente por lo que se llaman también *electropositivos*.

En cambio los elementos Oxígeno (O), Flúor (F), Cloro (Cl), Bromo (Br), Iodo (I), etc., que requieren uno o dos electrones para completar su capa externa, tienen alta afinidad electrónica y se ionizan negativamente por lo que también se los llama *electronegativos*.

Los elementos electropositivos son en general de naturaleza *metálica*, mientras que los electronegativos son en general clasificados como *no metálicos*.

De modo que los elementos que se encuentran a la izquierda de la Tabla tienen propiedades metálicas bien marcadas, tales como alta conductividad eléctrica y térmica. Son los metales de los grupos IA y IIA. En los metales de transición estas propiedades se van perdiendo y en algunos aparecen propiedades no metálicas. Son los elementos *anfóteros.*

Los elementos situados a la derecha de la Tabla son los *no-metales*, excluido el grupo 0. El grupo VIIA contiene los elementos con las características no metálicas mejor definidas. Son los *halógenos*.

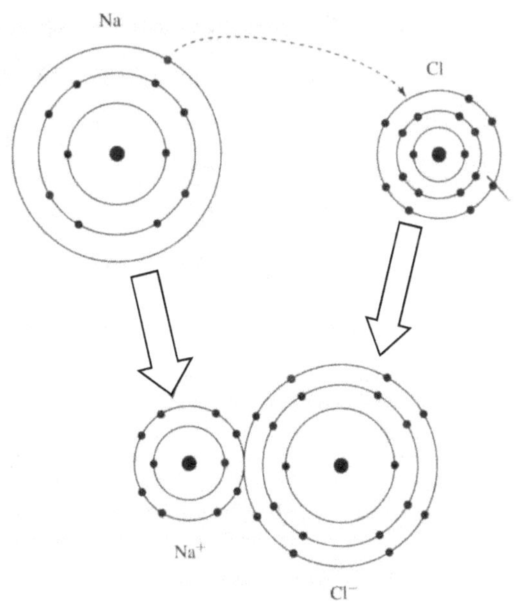

Fig. 1. 5 - Enlace iónico entre un átomo de Cl y uno de Na para formar una molécula de NaCl.

El grupo 0 corresponde a los gases raros o inertes. Tienen la particularidad de que sus capas electrónicas están completas, incluida la última, que es la que juega un papel fundamental en la reactividad química. Los gases raros son químicamente inertes debido a que su última capa se encuentra completa. En general, dos elementos se unen de tal modo que ambos adquieren la configuración electrónica completa en su última capa, asemejándose al gas raro más próximo. Por tal motivo, los electrones de la última capa ocupada se denominan *electrones de valencia*.

Según la proximidad o lejanía de un elemento respecto a la posición de los gases raros en la Tabla, tenderá de una u otra forma a completar dicha capa. De ahí los siguientes tipos de enlaces:

Unión iónica o electrovalente: dos elementos se unen con enlace iónico o electrovalente si uno pierde uno o más electrones y el otro los acepta, tendiendo ambos a adquirir la configuración de un gas inerte. En este tipo de enlace el elemento electropositivo cede uno o más electrones al elemento electronegativo produciendo dos iones cargados con signo opuesto. El que pierde se convierte en *catión* (+) y el que acepta se convierte en *anión* (-), generándose una atracción electrostática entre ambos. En general, los elementos que presentan tendencia a unirse mediante enlaces electrovalentes son los de los grupos extremos de la Tabla. Los de la izquierda tienden a perder 1 o 2 electrones (Grupos IA y IIA) y l derecha tienden a ganarlos (no metales de los grupos VIA y VIIA). La atr electrostática entre los iones tiende a acercar los átomos hasta que las capas electrónicas comienzan a solaparse y se genera una fuerza de repulsión que equilibra a la de atracción. La **Fig. 1.5** muestra el enlace iónico entre un átomo de Cl y uno de Na para formar una molécula de NaCl.

Atomo de Cloro (Cl)

Dado que el enlace iónico es esencialmente de carácter electrostático, el mismo no es direccional. Como los iones intervinientes adquieren la configuración electrónica de un gas noble, la nube electrónica tiene una simetría esférica.

Unión covalente (u homopolar): este enlace se produce entre elementos que se encuentran cercanos en la Tabla Periódica. Los elementos de los grupos principales que se encuentran en la parte central de la Tabla (IIIA, IVA. VA) tienen en su última capa un número de electrones intermedio entre cero y ocho, por lo que su tendencia a perder o ganar electrones se encuentra equilibrada y no producen

Ión

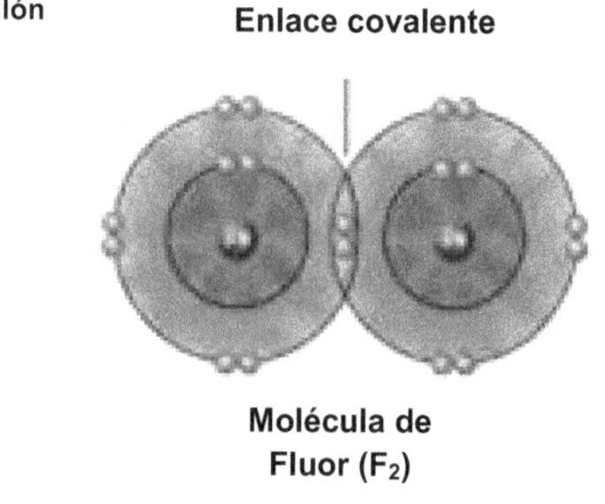

Fig. 1. 6 - Enlace covalente en una molécula de F_2.

entonces compuestos iónicos. En cambio, el tipo de enlace que producen es el covalente que consiste en que cada átomo interviniente en la unión aporta uno o más electrones que son compartidos por todos los átomos que participan del enlace. En el enlace covalente los átomos no ceden electrones sino que los comparten de forma de completar sus capas exteriores adquiriendo la configuración electrónica de un gas noble como se ilustra en la **Fig. 1.6**. Los enlaces covalentes son *estereoespecíficos*, es decir son en general fuertemente direccionales. Típicamente, las uniones covalentes son muy fuertes, lo que explica por ejemplo la dureza del diamante, que consiste en un enlace covalente del C con cuatro átomos vecinos de la misma especie, como se muestra esquemáticamente en la **Fig. 1.7**.

Unión metálica: el enlace metálico puede considerarse como una variante del enlace covalente en el que los electrones compartidos no se encuentran asociados a pares de átomos en particular sino que son compartidos cooperativamente por todos los átomos del sólido. Una imagen frecuentemente utilizada es la de un "mar" de electrones libres en el cual se encuentran inmersos los núcleos atómicos y sus capas electrónicas internas. Este concepto permite explicar la alta conductividad eléctrica y térmica de los metales. Sabemos que los metales se caracterizan por su elevada conductividad eléctrica, lo que implica transporte de electrones en el seno del metal bajo la acción de un campo eléctrico. De modo que ni la unión covalente ni la electrovalente puede explicar la existencia de los electrones libres necesarios para la conducción. Por otra parte, los metales se caracterizan también por su elevada resistencia mecánica y elevados puntos de fusión lo que requiere de la existencia de uniones interatómicas fuertes. De modo entonces que como una simplificación, podemos considerar a la unión metálica como una variante de la unión covalente en la cual los electrones no se encuentran *localizados*, visualizando de este modo a un

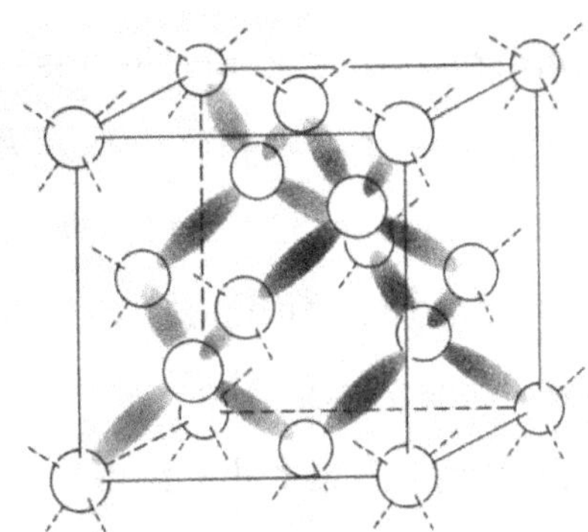

Fig. 1. 7 – Estructura del diamante.

metal como una estructura periódica de iones inmersos en ese “mar” de electrones no localizados.

Todos los tipos de enlaces químicos son ejemplos del mismo fenómeno general que consiste en alcanzar la configuración electrónica más estable cuando dos átomos se acercan. En muchos casos la distinción entre enlace iónico y unión covalente es clara. Sin embargo, tanto la teoría como la experiencia demuestran que existen situaciones intermedias en las que la división no es tan clara.

Cuando se forma una molécula, los electrones de valencia deben continuar ocupando estados definidos de energía. En el caso de un compuesto iónico, estos estados electrónicos son casi los mismos que en el ion libre, puesto que el grupo completo de ocho electrones es relativamente estable y es sólo ligeramente perturbado por la presencia del otro ion. En cambio, en los compuestos covalentes en los que los pares de electrones son compartidos entre dos átomos, los estados electrónicos son necesariamente diferentes a los del átomo libre, ya que el *Ppio. de Exclusión de Pauli* sólo permite que dos electrones de diferente *spin* ocupen el mismo nivel de energía. El “spin” de una micro-entidad como puede serlo un electrón, un neutrón o un fotón, es una propiedad representada por una variable no clásica y que por lo tanto no puede ser expresada en términos de conceptos de la física clásica. Ello no impide que sea útil utilizar habitualmente una analogía entre el spin de una partícula y el *momento cinético intrínseco de rotación* (lo que también se llama *impulso angular intrínseco*) de una partícula clásica que rota sobre su propio eje

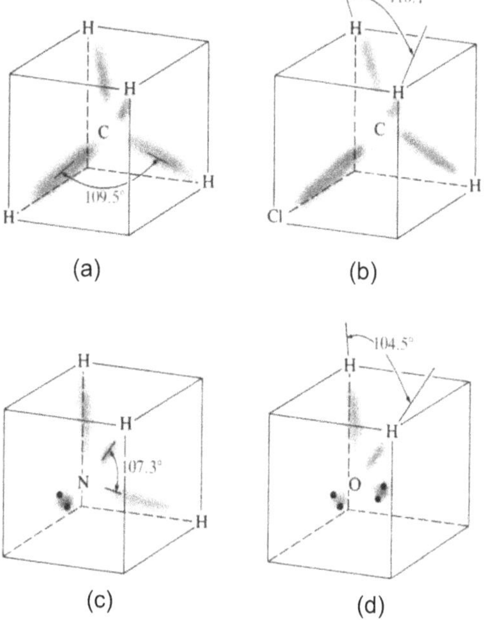

Fig. 1.8 – Moléculas de (a) Metano, (b) Clorometano, (c) Amoníaco, (d) Agua.

como lo hace la tierra sobre su eje. El spin puede ser representados por un vector con magnitud, dirección y sentido.De manera que la interpretación que la física moderna hace del enlace covalente es la de dos electrones en mismo estado pero con spin opuesto. Las fuerzas involucradas en este tipo de enlace se denominan *fuerzas de intercambio*, ya que los electrones del par covalente pueden interpretarse como intercambiándose rápidamente entre un átomo y el otro. En la ecuación de la energía, esto corresponde a un término negativo lo que contribuye a la estabilidad de la unión.

Los átomos que constituyen las moléculas en compuestos químicos tales como H_2O, CO_2, CCl_4, O_2, N_2, HNO_3, etc., se encuentran ligadas mediante enlaces covalentes, que como hemos visto son sumamente estables. A estas fuerzas que ligan átomos dentro de una misma molécula las denominaremos *intramoleculares*, en cambio a las que se ponen de manifiesto entre las moléculas entre sí, las llamaremos *intermoleculares*, y se caracterizan en general por ser fuerzas débiles, lo que hace que en compuestos como los mencionados, las moléculas actúen de modo más o menos independiente. Esto explica porque no obstante la elevada estabilidad de los enlaces covalentes, los compuestos moleculares exhiben en general bajos puntos de fusión y de ebullición, con durezas en el estado sólido relativamente bajas. Puntualicemos que si bien los ejemplos mencionados corresponden a especies moleculares con moléculas relativamente pequeñas, otros compuestos pueden presentar moléculas con un gran número de átomos, como ocurre por ejemplo en los *polímeros.* No obstante, los conceptos mencionados con relación a las fuerzas intramoleculares e intermoleculares, continúan siendo válidos.

Como ocurre en el caso del diamante, existen otros materiales, tales como MgO, SiO_2, y algunos polímeros y cerámicos, que forman estructuras tridimensionales constituidas enteramente por enlaces fuertes (covalentes o metálicos), lo que tiene una incidencia importante sobre sus características y propiedades, como veremos más adelante.

Ya hemos mencionado más arriba la estereoespecificidad de los enlaces covalentes. En algunos casos, como ocurre con el metano (CH_4), la molécula es simétrica formando los átomos de hidrógeno un ángulo de aproximadamente 110o, como lo indica la **Fig. 1.8**. En cambio, en la molécula de un compuesto como el clorometano (CH_3Cl), la simetría se destruye por la presencia del átomo de cloro. Los ejemplos mencionados constituyen lo que los químicos llaman *enlaces híbridos* que son una forma de enlace covalente. En algunos enlaces híbridos, algunos de los electrones no participan de la unión covalente sino que ocurren como *pares solitarios*, como se indica en la **Fig. 1.8** (c) y (d). En tales casos, la presencia de tales electrones acentúa la asimetría de la molécula, como ocurre en el caso de la molécula de amoníaco y en la de agua.

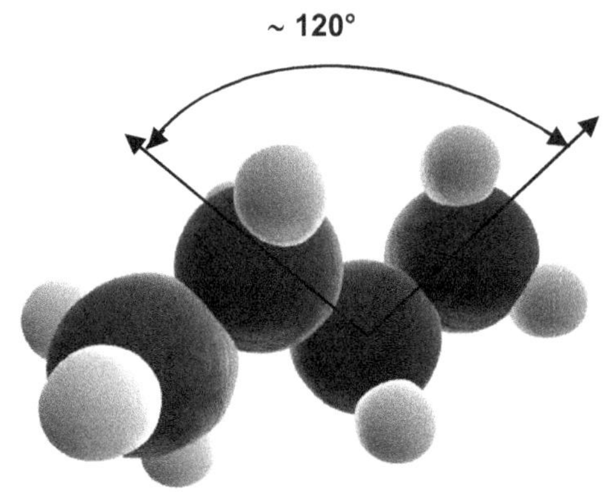

Fig. 1.9 – Molécula de Butano.

Uno de los ángulos de enlace covalente más importantes en el estudio de los materiales es el C - C - C de la cadena de hidrocarburos. Si bien este ángulo experimentará algunas variaciones según el tipo de átomo o radical al que se encuentre ligado el carbono, podemos en general asumir que el mismo es cercano a los 120o, como se indica esquemáticamente en la **Fig. 1.9**.

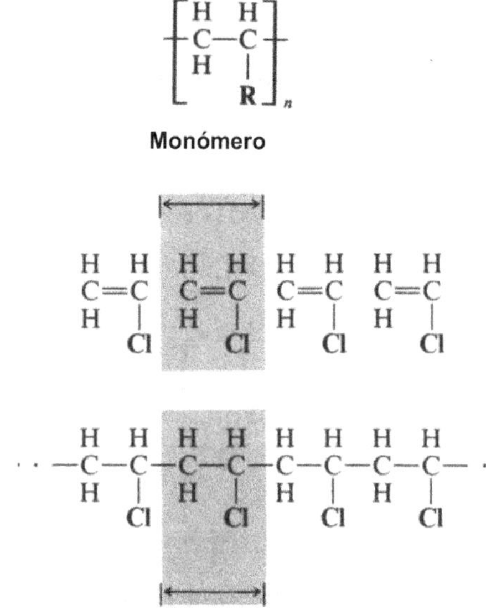

Fig. 1.10 – Polimerización del Cloroetileno.

Como ya hemos mencionado más arriba, algunas moléculas pueden contener una gran cantidad de átomos (más de un centenar) vinculados entre sí con enlaces covalentes. Denominaremos a las mismas *macromoléculas.* Materiales como el polietileno, poliestireno o cloruro de polivinilo por ejemplo, contienen miles de átomos de carbono en cada una de sus moléculas.

Existen macromoléculas de origen natural, tal como la celulosa, presente en la madera, el algodón y en la mayoría de las plantas fibrosas. Cada una de estas macromoléculas pueden ser consideradas como constituidas por una serie de unidades idénticas denominadas *meros*, de donde deriva el término polímero.

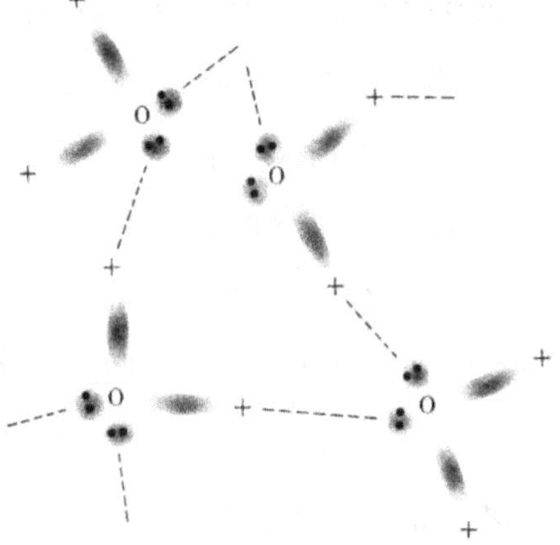

Fig. 1.11 – Puente de hidrógeno.

El polímero puede ser *lineal*, como se muestra en la **Fig. 1.10**, como los polivinilos y los poliesteres, en cuyo caso el número de veces que se repite la unidad estructural o mero en la molécula es el *grado de polimerización n*, o sea el número de meros por mol. En el caso del poliestireno, el radical **R** de la **Fig. 1.10** es un anillo de benceno, mientras que en el polietileno es simplemente un átomo de hidrógeno. Las moléculas lineales dan origen a compuestos *termoplásticos*, es decir materiales que se ablandan con la temperatura y que vuelven a endurecerse cuando se los enfría. Esto puede explicarse en forma simple considerando que las fuerzas intermoleculares que vinculan las cadenas moleculares entre sí se hacen menos efectivas a medida que la temperatura se eleva lo que facilita el deslizamiento mutuo de dichas cadenas moleculares.

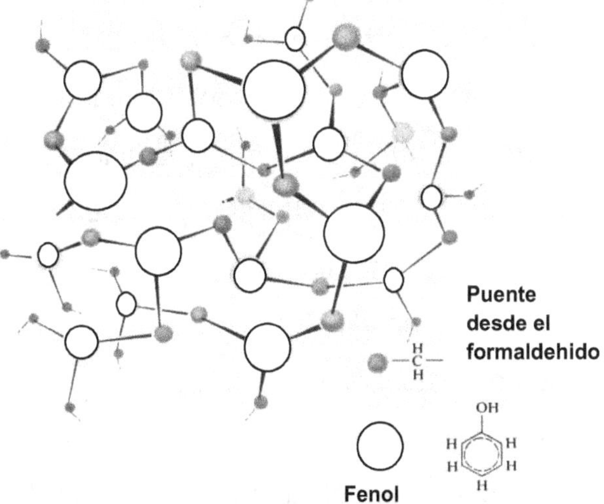

Fig. 1.12 – Estructura del fenol-formaldehido.

Si bien los enlaces covalentes intramoleculares son de gran importancia, hemos mencionado que también los enlaces intermoleculares o secundarios juegan un rol en la determinación de las propiedades de un dado material. En general, estos enlaces se originan como consecuencia de campos eléctricos en la vecindad de los átomos neutros, por ejemplo los producidos por los *dipolos* que se forman como resultado de la vibración de los electrones en el átomo o molécula. Estos dipolos son los que proveen en general el único mecanismo de atracción entre moléculas de sustancias que son gases o vapores en condiciones normales. A temperaturas muy bajas a las cuales la agitación térmica disminuye los suficiente, estas fuerzas de atracción, llamadas de *Van der Walls*, son capaces de condensar y solidificar dichas sustancias. Tal es el caso de los gases Ne, Kr, H_2, O_2, y CH_4, cuyas temperaturas de fusión T_m son respectivamente: -248 C, -157 C, -259 C, -218 C y -185 C.

Otro tipo de enlace secundario es el que se presenta con moléculas asimétricas como la del clorometano, ya vista en la **Fig. 1.8**. En tal caso la molécula es *intrínsecamente polar*, y los materiales constituidos por este tipo de moléculas permanecen sólidos hasta temperaturas relativamente elevadas. Un tercer tipo de enlace secundario es el denominado *puente de hidrógeno*, que es el más fuerte de todos ellos. Cuando átomos de hidrógeno se vinculan en forma covalente, por ejemplo C - H u O - H, dejan expuestos protones en el extremo del enlace como lo muestra la **Fig. 1.11**. Estos protones son a su vez atraídos por cargas negativas de otras moléculas, como es el caso de los pares de electrones solitarios que se presentan en el enlace híbrido en las moléculas de agua y de amoníaco según ya hemos visto. Las propiedades del agua están en gran medida determinada por la existencia del puente de hidrógeno, ya que éste es responsable de las fuerzas de atracción intermoleculares que hacen del agua la molécula de mayor temperatura de fusión para su tamaño (T_m = 0 C, 18 UMA). Por la misma razón, el calor de vaporización del agua (2250 J/g), es muy elevado.

En algunos casos, las fuerzas de enlace interatómicas dan origen a estructuras tridimensionales. Por ejemplo, la polimerización puede conducir a una estructura en red en aquellos casos en que la unidad estructural o mero sea *polifuncional*, es decir pueda vincularse con tres o más moléculas adyacentes. En tal sentido, un compuesto típico que exhibe esta característica de estructura tridimensional es el fenol-formaldehido que se muestra en la **Fig. 1.12**, que fue uno de los primeros polímeros sintéticos (comercializado bajo el nombre de "bakelita"). En contraste con los polímeros lineales que dan origen a los termoplásticos, los polímeros con estructura tridimensional son *termofraguantes*, es decir que una vez completada la reacción de polimerización, los mismos no se ablandan con la temperatura.

Otros compuestos que presentan también estructuras tridimensionales son los silicatos vítreos, como por ejemplo el SiO_2 fundido en el que los átomos de silicio se unen a cuatro átomos de oxígeno adyacentes, los que a su vez hacen de puente entre dos átomos de silicio. La red espacial resultante es muy estable y no se ablanda significativamente hasta unos 1200/1500 °C. Dado que entre los átomos de la red queda un espacio considerable, esto permite que la estructura acomode las vibraciones atómicas térmicas sin cambios apreciables de volumen, lo que explica el bajo coeficiente de dilatación térmica de este material.

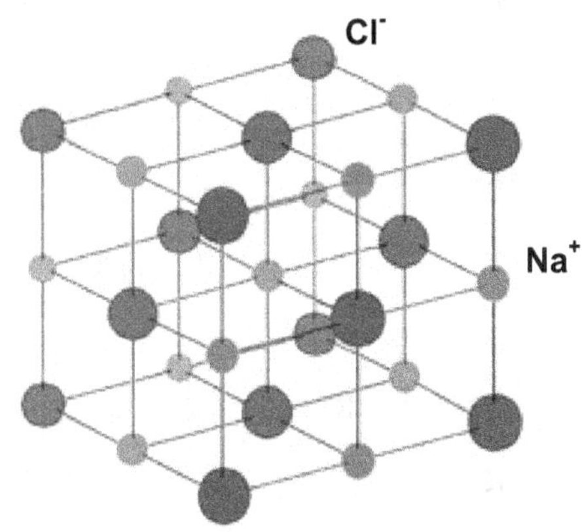

Fig. 1.13 – Estructura del NaCl.

Los compuestos iónicos también pueden dar origen a estructuras tridimensionales. Tal es el caso del NaCl que se muestra en la **Fig. 1.13**. Es importante destacar que mientras en los compuestos iónicos el factor de empaquetamiento suele ser bajo (como consecuencia de la direccionalidad de tales enlaces), la omnidireccionalidad de los enlaces iónicos hace que tales compuestos exhiban en general un empaquetamiento más compacto.

En la **Fig. 1.14** se indican los tipos de enlaces químicos que caracterizan a los sólidos, es decir enlaces metálico, covalente, iónico y secundario. Obsérvese que algunos materiales, como es el caso de los polímeros, los cerámicos y los vidrios, exhiben en general más de un tipo de enlace. Los polímeros poseen enlaces covalentes y secundarios, mientras que los cerámicos y los vidrios poseen enlacen de naturaleza iónica y covalente.

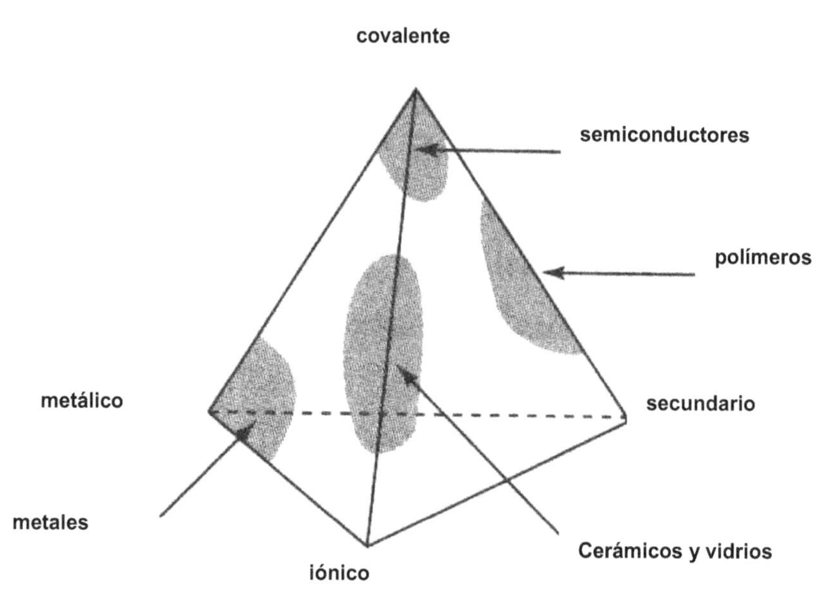

Fig. 1.14 - Los distintos tipos de enlace y los materiales a que dan origen.

El número de átomos vecinos con los que se encuentra vinculado un dado átomo se denomina *número de coordinación* (NC). La estéreo-especificidad o direccionalidad de los enlaces determina la forma en que un dado átomo se relaciona con los átomos vecinos determinando así el tipo de estructura. En este sentido, los enlaces iónicos, por tener su origen en la atracción coulombiana favorecen ordenamientos compactos. Algunos metales también forman estructuras compactas. El NC en metales puede ser tan alto como 12 (del 70 al 80% de los metales puros), lo que conduce a un elevado factor de empaquetamiento. Aproximadamente el 40% de los metales solidifican con un NC = 8 (Obsérvese que el total supera el 100% por el simple hecho que muchos metales presentan distintos estados alotrópicos).

Referencias

1.1. J.F. Shackelford "*Introduction to materials science for engineers*" 6th E., 2004.

1.2. L.H. Van Vlack "*Elements of materials science and engineering*", 6th Ed, 1989.

1.3. A. Cottrell "*An introduction to metallurgy*", 2nd Ed., The Institute of Materials, London, 1975.

1.4. J.E. Gordon "*The new science of strong materials: or why you don't fall through the floor*", 2nd. Ed., Princeton Science Library, Princeton, N.J., 1968.

2. ESTRUCTURAS DE LOS MATERIALES CRISTALINOS Y SUS DEFECTOS.

2.1 ¿Pero, qué es un material cristalino?

Decimos que un material es cristalino, o que tiene estructura cristalina, si los átomos que lo constituyen (o las moléculas, como puede ocurrir en un polímero) adoptan una disposición ordenada que se repite en todas direcciones. El ejemplo más simple sería el de un cristal que exhibe estructura cristalina *cúbica simple*, así llamada porque en tal material los átomos se encuentran ubicados en lo que serían los vértices de una red de cubos imaginarios como se muestra esquemáticamente en la **Fig. 2.1**. Prácticamente todos los metales, la mayoría de los materiales cerámicos, y algunos polímeros, cristalizan al solidificar. De manera un poco más rigurosa, definimos a un cristal como a un arreglo periódico espacial de átomos que resulta en un *ordenamiento de largo alcance*, es decir un ordenamiento que se extiende por una distancia de muchos espaciados interatómicos.

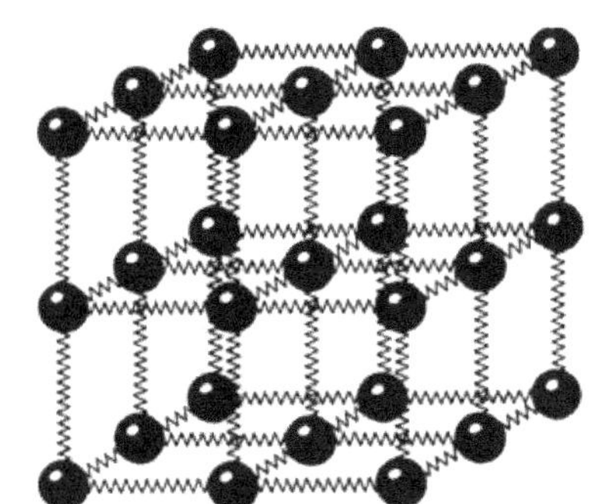

Fig. 2.1 – Estructura cristalina cúbica simple en la que los enlaces atómicos se representan como resortes elásticos.

Vemos en la **Fig. 2.1** que cada cubito que conforma la red con un átomo en cada vértice (en rigor deberíamos asignar sólo 1/8 de átomo a cada vértice de cada cubo, ya que cada átomo está en un vértice de encuentro de 8 cubos) contiene toda la información de la geometría del cristal. En efecto, podemos generar todo el cristal simplemente desplazando uno de los cubitos en las tres direcciones del espacio.

Existen en la naturaleza sólo 14 maneras distintas de distribuir átomos (o eventualmente moléculas) de manera de constituir un patrón regular de ordenamiento que pueda repetirse sin interrupciones simplemente por desplazamiento de una celda característica de ese ordenamiento.

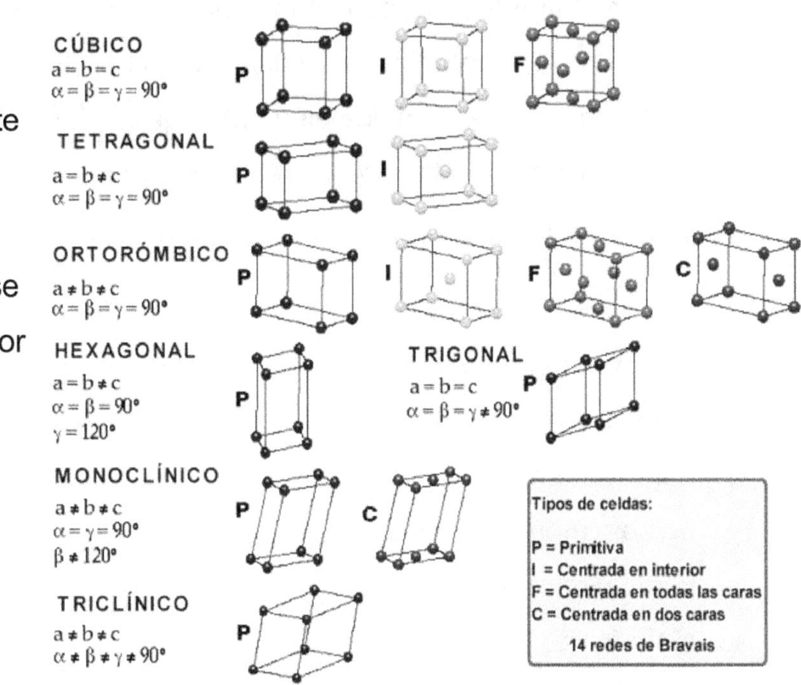

Fig. 2.2 – Las 14 celdas unitarias de Bravais. Obsérvese que las que sólo poseen átomos en sus vértices se denominan primitivas (P), pero también las hay con un átomo en el centro del cuerpo (I) o en el centro de todas las caras de la celda (F) o en el centro de sólo dos caras (C). a, b y c representan las aristas de cada celda y los ángulos α, β y γ son los ángulos que forman las aristas de la cara opuesta a las aristas a, b y c respectivamente.

Estas celdas, que son únicas para cada uno de los 14 ordenamientos, constituyen el agrupamiento de menor volumen posible de átomos (o de moléculas) que por traslación puede ir generando todo el cristal. Son las llamadas *celdas unitarias de Bravais* y se encuentran representadas en la **Fig. 2.2**.

La **Fig. 2.3** muestra que si bien es posible generar la estructura de todo el cristal con celdas de distinto volumen, como se ha indicado más arriba, la que se selecciona como celda unitaria es la de

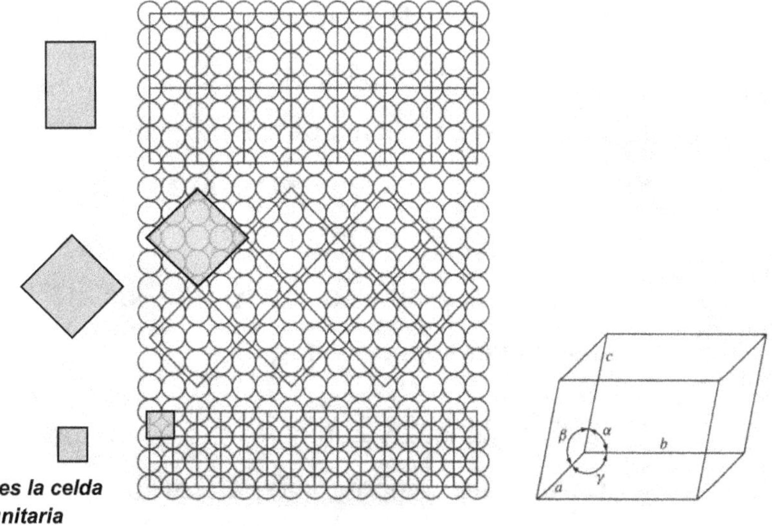

Fig. 2.3 – Distintas alternativas de tamaño de celda para generar la estructura del cristal. La de menor volumen es la que se selecciona como celda unitaria de Bravais.

menor volumen que tenga esa propiedad. De manera que la característica y definitoria de una estructura cristalina es ser *periódica*. Esto significa que a lo largo de cualquier dirección, los elementos que la forman se encuentran repetidos a la misma distancia (*traslación*) y esto se cumple partiendo desde cualquier punto de la estructura.

Es importante destacar que si bien en los ejemplos anteriores hemos siempre ubicado un solo átomo en cada vértice, centro del cuerpo, o centro de las caras de la celda unitaria, en lugar de un solo átomo puede haber un agrupamiento de átomos y no necesariamente uno de esos átomos tiene que coincidir con el vértice, centro del cuerpo de la celda o el centro de sus caras. Lo que es requerido es que alrededor de cada punto característico de la celda unitaria, es decir de sus vértices, centro de cuerpo o centro de caras, siempre esté presente la misma agrupación de átomos. Esta agrupación se denomina *motivo* y se ilustra esquemáticamente en la **Fig. 2.4**.

Fig. 2.4 - A cada punto de la celda de Bravais (o sitio de red) se le puede asociar un grupo atómico (*Motivo*) que se repite por lo tanto periódicamente generando el arreglo atómico de todo el cristal.

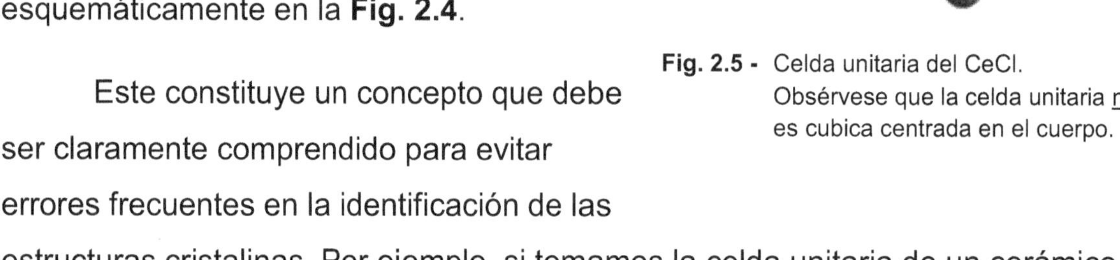

Fig. 2.5 - Celda unitaria del CeCl. Obsérvese que la celda unitaria no es cubica centrada en el cuerpo.

Este constituye un concepto que debe ser claramente comprendido para evitar errores frecuentes en la identificación de las estructuras cristalinas. Por ejemplo, si tomamos la celda unitaria de un cerámico como el CeCl (*Cloruro de Cesio*) que se muestra en la **Fig. 2.5**, la misma no es cúbica centrada en el cuerpo, como podría parecer a primera vista ya que hay un átomo de Ce en cada vértice y uno adicional de Cl en el centro del cuerpo, pero si así fuese, deberíamos tener el mismo panorama visto desde cualquier vértice o desde el centro del cubo, lo que no ocurre ya que si nos ubicamos en un vértice tenemos un agrupamiento de 8 átomos de Cl a nuestro alrededor, pero si pasamos a ubicarnos en el centro del cuerpo, dicho agrupamiento cambia a 8 átomos de Ce, como es fácil de ver. Esto viola el principio básico que caracteriza a una celda unitaria en el sentido que ubiquémonos donde nos ubiquemos debemos contemplar el mismo panorama a nuestro alrededor. Por lo tanto, la celda es *cúbica simple* en la que el motivo es un átomo de Ce en un vértice y el correspondiente átomo de Cl en el centro del cuerpo ya que posicionándonos en cada vértice tendremos a nuestro alrededor siempre el mismo agrupamiento de átomos. Por supuesto que también podríamos alternativamente concebir la celda unitaria como constituida por un cubo con un átomo de Cl en cada vértice y un átomo de Cl en el centro del cuerpo, pero seguiría siendo una celda unitaria cúbica simple por las mismas razones antes expuestas.

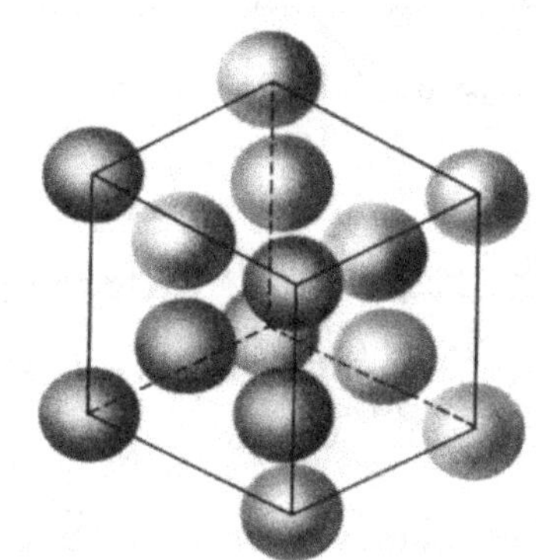

Fig. 2.6 – Celda cúbica centrada en las caras de un cristal de Cu (*Cobre*)

Por el contrario la celda unitaria de la **Fig. 2.6** correspondiente a un cristal de Cu (*Cobre*) es *cúbica centrada en las caras* ya que hay un átomo de Cu en cada vértice y un átomo de Cu adicional en cada centro de cada una de las caras.

Estas consideraciones nos llevan a referirnos a otro concepto importante de la geometría cristalina de un material al que ya nos hemos referido llamado *número de coordinación*.

Este número de coordinación es simplemente la cantidad de átomos que son primeros vecinos de un átomo dado.

En la **Fig. 2.7** se ilustra este concepto recurriendo al modelo atómico de esferas rígidas que consiste sencillamente en representar al átomo como una esfera rígida perfecta de un dado radio. En la figura *r* corresponde al radio de átomo más pequeño y *R* al radio del átomo de mayor diámetro. Un simple cálculo geométrico nos permite establecer el número de átomos con que puede estar en contacto un átomo de radio *r* con vecinos de radio *R* según el rango que tome la relación *r*/*R*. Observemos que el número máximo de coordinación es 12 y corresponde al caso de un empaquetamiento de átomos de igual radio. Efectivamente una esfera de un dado radio sólo puede estar en contacto con 12 esferas del mismo radio lo que constituye el máximo empaquetamiento que puede obtenerse, entendiendo por empaquetamiento el aprovechamiento del espacio disponible para alojar los átomos. Este concepto de

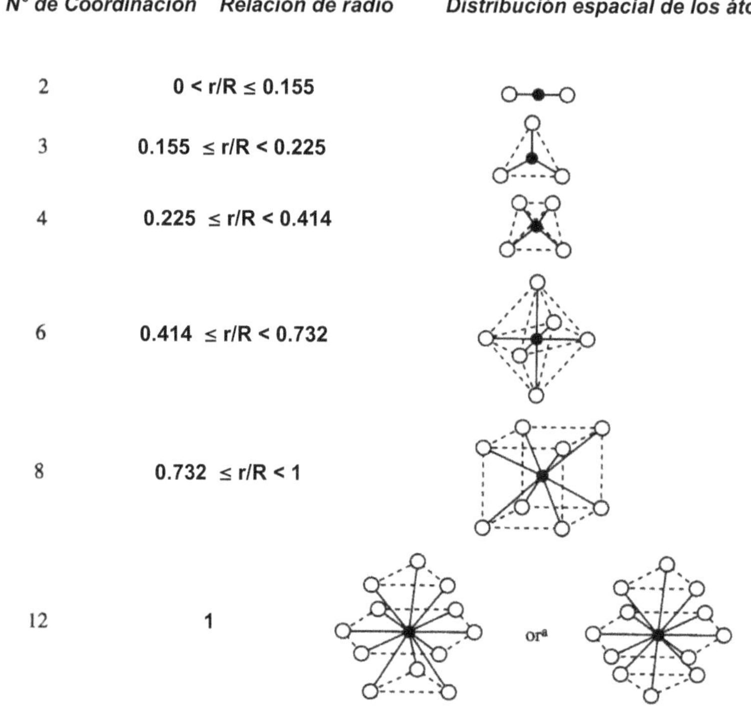

N° de Coordinación	*Relación de radio*	*Distribución espacial de los átomos*
2	0 < r/R ≤ 0.155	
3	0.155 ≤ r/R < 0.225	
4	0.225 ≤ r/R < 0.414	
6	0.414 ≤ r/R < 0.732	
8	0.732 ≤ r/R < 1	
12	1	orª

Fig. 2.7 - *Número de coordinación* es el número de átomos adyacentes con los que está vinculado un átomo dado. Se puede estimar recurriendo al modelo atómico de esferas rígidas.

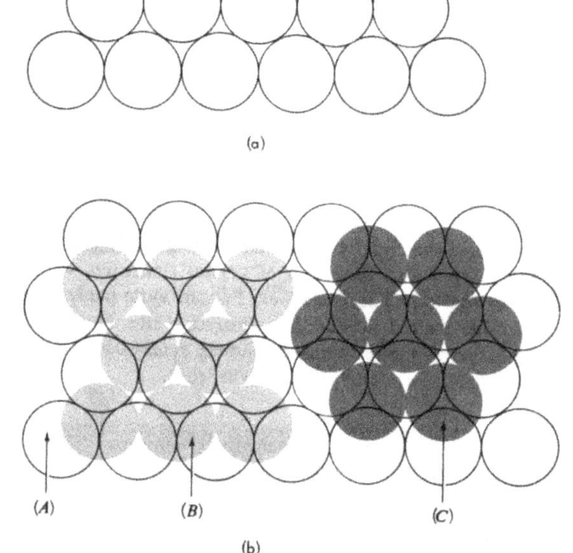

Fig. 2.8 - Los apilamientos compactos pueden ser sólo del tipo ABABA... ó ABCABCAB..... que dan origen a las estructuras hcp (hexagonal compacta) y fcc (cúbica de caras centradas) respectivamente.

empaquetamiento puede entenderse mejor considerando las distintas maneras en que es posible acomodar átomos, representados por esferas rígidas de un dado radio, en un cierto volumen disponible.

En la **Fig. 2.8** vemos que hay dos formas alternativas de aprovechar de la mejor manera posible el espacio disponible para alojar átomos de un dado radio. Efectivamente, pensemos que deseamos llenar una caja con tales átomos (esferas). Comenzamos poniendo una capa de esferas sobre el fondo de la caja de manera que cada esfera queda en contacto con 6 vecinas como puede verse en la parte (a) de la figura. A esta capa la llamamos *Capa A*. Ahora procedemos a colocar una segunda capa de esferas y para aprovechar el espcio de la mejor manera ubicamos el centro de cada esfera de esta segunda capa sobre el hueco que dejan las esferas de la Capa A como se muestra a la izquierda de la parte (b) de la figura. A esta capa la llamamos *Capa B*. Ahora bien, al disponernos a colocar la tercera capa, tenemos dos alternativas. O colocamos los centros de las esferas sobre los huecos que dejan las esferas de la Capa B en coincidencia con los centros de la Capa A o lo hacemos sobre los huecos que dejan las esferas de la Capa B pero que no coinciden con los centros de la esferas de la Capa A. De optar por esta última alternativa, la capa generada sería la *Capa C* como se muestra a la derecha de la parte (b) de la figura, y la llamamos así porque los centros de las esferas de esta capa no coinciden con los centros de ninguna de las dos capas anteriores. Ahora el proceso se repite y tendríamos un *apilamiento* indicado como *ABCABCAB*..... Por el contrario, de haber elegido poner los centros de las esferas de la tercer capa en coincidencia con los centros de las esferas de la Capa A, tendríamos un apilamiento del tipo *ABABAB*......

En ambos casos tendríamos empaquetamientos de máxima compacidad en los que cada esfera está en contacto con doce vecinas, pero la celda unitaria representativa de ambos es diferente.

En el caso del apilamiento *ABCABCAB*…, la celda unitaria que lo representa es la cúbica centrada en las caras. En cambio el apilamiento *ABABABA*… queda representado por una celda hexagonal compacta.

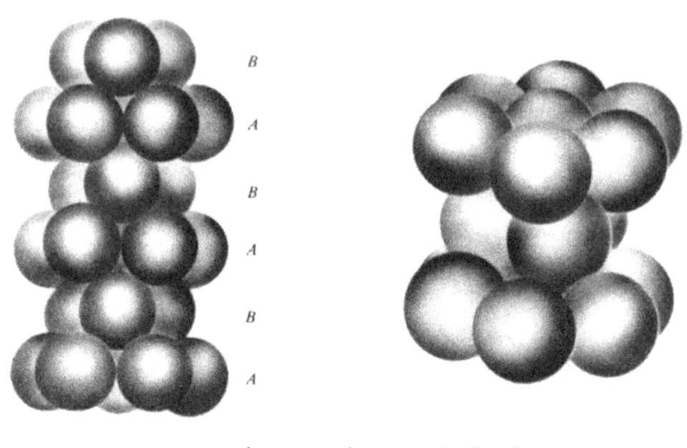

hexagonal compacta (hcp)

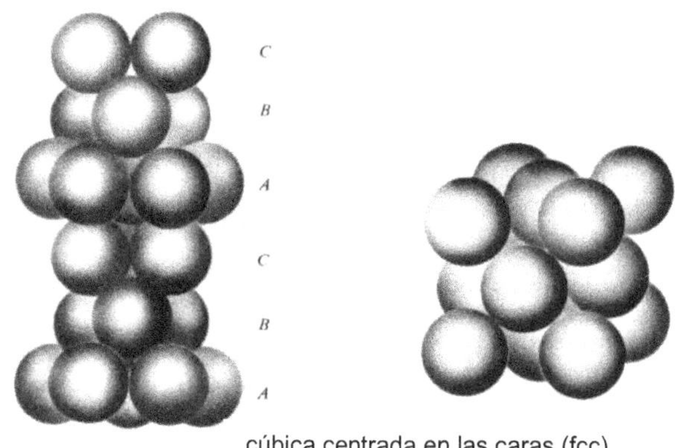

cúbica centrada en las caras (fcc)

Fig. 2.9 – Estructuras compactas hexagonal compacta (hcp) y cúbica centrada en las caras (fcc)

De hecho, estos dos son los únicos apilamientos llamados *compactos* y sólo pueden materializarse si los átomos poseen aproximadamente el mismo radio como se muestra en la **Fig. 2.9**. Como veremos, el tipo de empaquetamiento tiene una implicancia significativa en el comportamiento mecánico del cristal. La geometría de la celda unitaria queda determinada no sólo por la relación entre los diámetros atómicos sino también por la estereoespecificidad o direccionalidad de las fuerzas de enlace interatómicas. Es así que los cristales iónicos, en lo que las fuerzas de enlace son de tipo esencialmente coulombiano y por lo tanto no presentan una dirección preferencial, favorecen los empaquetamientos compactos.

Algunos compuestos, P.Ej. los polímeros, pueden formar cristales "*moleculares*". Los polímeros forman una estructura cristalina plegándose sobre sí

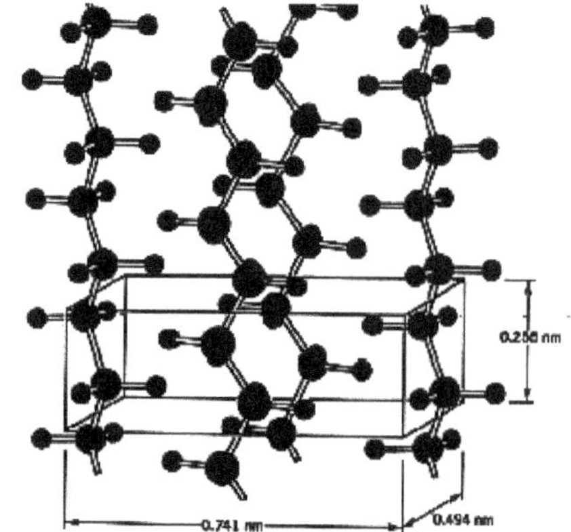

Fig. 2.10 – Celda unitaria ortorrómbica de polietileno.

mismos utilizando enlaces débiles como en el polietileno que da origen a una celda ortorrómbica como lo muestra la **Fig. 2.10**.

A diferencia de los materiales metálicos y de los cerámicos que son normalmente totalmente cristalinos, los polímeros suelen ser parcialmente cristalinos presentando también zonas amorfas o desordenadas. En general, el aumento del porcentaje de cristalización en volumen, aumenta la densidad y mejora la resistencia mecánica del polímero.

2.2 La resistencia mecánica de los materiales y los defectos cristalinos.

Independientemente de la naturaleza del enlace interatómico, las fuerzas de enlace entre átomos adopta una variación con la distancia interatómica como la que se muestra esquemáticamente en la **Fig. 2.11**. La curva presenta una zona lineal en la que la fuerza interatómica es directamente proporcional a la distancia interatómica. Esta linealidad se manifiesta en la llamada Ley de Hooke que se expresa de la siguiente manera

$$\sigma = E\varepsilon \qquad \textbf{(2.1)}$$

en la que σ es la *tensión normal* aplicada, ε es la *deformación específica o unitaria* que la aplicación de dicha tensión produce y E es una constante de proporcionalidad denominada *Módulo de Young*. Para entender cuál es el significado de σ y de ε, consideremos el pequeño elemento de volumen con forma de

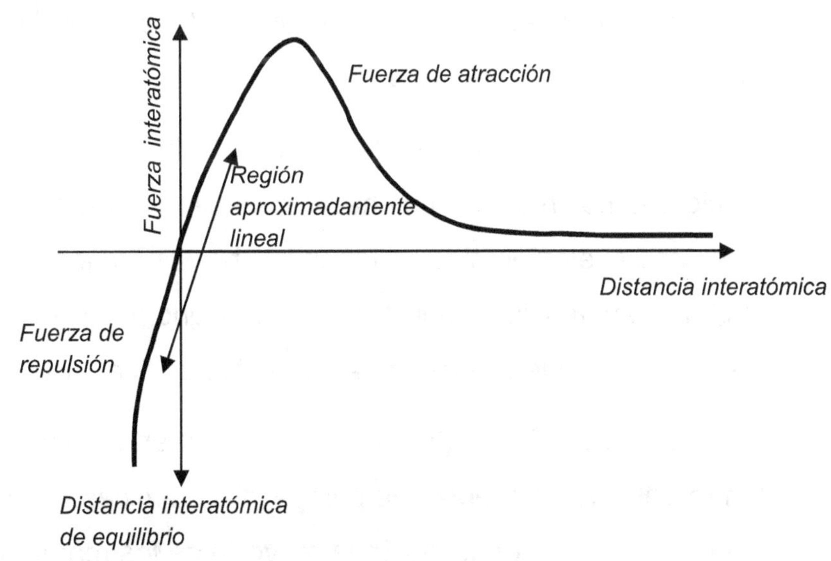

Fig. 2.11 – Variación de la fuerza interatómica con la distancia interatómica. Obsérvese que hay una región en la que la fuerza es directamente proporcional a la distancia.

paralelepípedo rectangular de la **Fig. 2.12**. Si sobre la cara superior e inferior del elemento aplicamos una fuerza total *F* que actúa como se indica en la figura perpendicularmente a las caras, se define la tensión normal σ como el cociente *F*/*A*, donde *A* es el área de la cara sobre la que se encuentra aplicada la fuerza *F*.

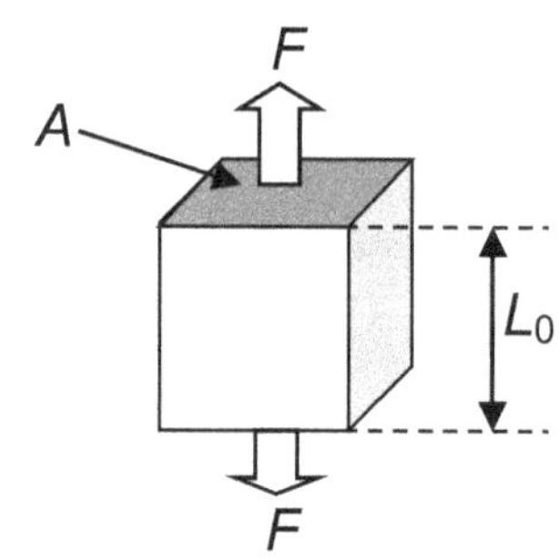

Fig. 2.12 – Elemento de volumen sometido a una tensión de tracción.

De manera que la tensión se expresa en unidades de *Fuerza/Unidad de área*. En el sistema internacional de unidades SI, esta unidad de tensión es el *Pascal* (*Pa*) y es igual a 1 *Newton*/m^2. Como consecuencia de la aplicación de la tensión σ, el elemento de volumen que tenía inicialmente una longitud L_0, se estira bajo la acción del esfuerzo y adquiere una longitud final L_f, por lo que experimentará un incremento en su longitud $\Delta L = L_f - L_0$. Definimos ahora la *deformación específica o unitaria* ε como el cociente $\Delta L/L_0$. Dado que se trata de una división entre longitudes, la deformación específica es *adimensional*. Como ε es adimensional, la **(2.1)** nos dice que el módulo de Young *E* debe tener dimensiones de tensión, es decir de Fuerza/Unidad de área.

Si bien en el ejemplo de la **Fig. 2.12** hemos considerado un esfuerzo de tracción, también podríamos haber considerado un esfuerzo de compresión, en cuyo caso el elemento de volumen habría experimentado una reducción de longitud. Convencionalmente se asigna signo positivo a las tensiones de tracción y a las correspondientes deformaciones específicas, y negativas en caso contrario.

La ley de Hooke **(2.1)** es válida solamente en un rango de deformaciones dentro del cual las fuerzas de enlace interatómicas se encuentran en la parte lineal de la curva de la **Fig. 2.11**. En la mayoría de los materiales estructurales, este intervalo corresponde a un rango de deformaciones específicas no superiores a $\varepsilon = \pm 1\%$ aproximadamente y es el llamado *rango elástico* del material. Dentro de este rango, las deformaciones son *reversibles* y desaparecen cuando se elimina la tensión. Superado este rango, las deformaciones específicas dejan de ser proporcionales a las tensiones y comienzan en general a aparecer deformaciones permanentes, también llamadas *deformaciones plásticas*, que no se eliminan al anular la tensión. Se trata del *rango plástico* del material.

La **(2.1)** que vincula tensiones normales con elongaciones o deformaciones específicas, debe ser complementada con otra relación que nos brinda la ley de Hooke, que nos permite vincular *tensiones tangenciales* o *de corte* con *distorsiones angulares*. Esta parte de la ley de Hooke se expresa como

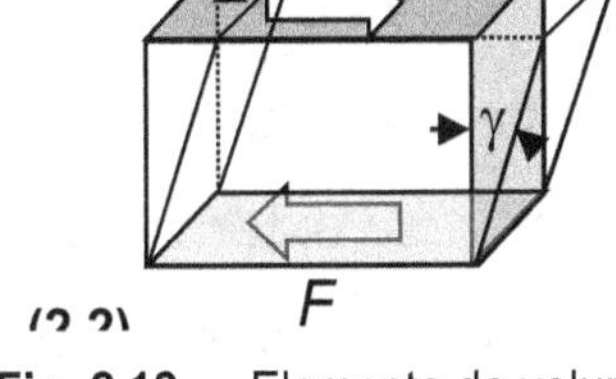

$$\tau = G\gamma \qquad (2.2)$$

Fig. 2.13 – Elemento de volumen sometido a una tensión de corte

donde τ es la tensión tangencial o de corte, γ la distorsión angular que aquella produce y G una constante de proporcionalidad llamada *Módulo de Elasticidad Transversal* o *Módulo de Corte*. Para entender el significado de τ y de γ consideremos nuevamente un elemento de volumen como el de la **Fig. 2.13** que se encuentra sometido a una fuerza F sobre sus caras superior e inferior pero en donde la dirección de las fuerzas está contenida en el plano de las caras, es decir que actúan tangencialmente a las mismas. Es fácil ver que este esfuerzo producirá una deformación o distorsión del elemento de volumen del tipo indicado en la figura. Los ángulos diedros del elemento de volumen, inicialmente de 90°, sufren una distorsión γ. La tensión tangencial o de corte τ queda entonces definida nuevamente como el cociente F/A, pero actúa en el plano de las caras y

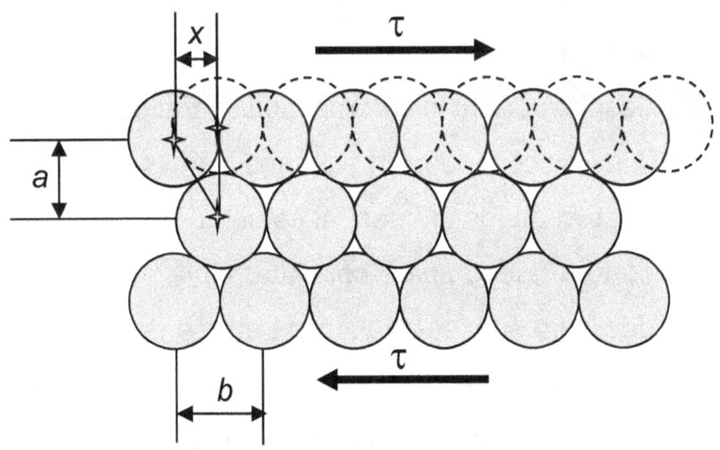

Fig. 2.14 – Deslizamiento de planos atómicos en un cristal.

no perpendicularmente a ellas como lo hace la tensión normal σ. La distorsión angular γ medida en radianes es adimensional por lo que la constante *G* debe tener dimensiones de Fuerza/Unidad de área. La **(2.1)** y la **(2.2)** completan la expresión de la Ley de Hooke.

Armados con estos conceptos calcularemos ahora la resistencia teórica de un cristal, que representaremos mediante el modelo de esferas rígidas como se muestra en la **Fig. 2.14**. Asumamos tener inicialmente el cristal no sometido a ningún esfuerzo externo con un apilamiento como se muestra en la figura con los átomos coloreados en gris. Ahora bien, si aplicamos una tensión de corte τ como se muestra en la misma figura, la capa superior de átomos tenderá a deslizar sobre la capa inmediatamente debajo como lo sugiere la posición desplazada de los átomos indicados con línea discontinua. En esta posición relativa de los átomos, el esfuerzo de corte requerido para continuar el deslizamiento se anula por tratarse de una posición en la cual los átomos de la capa desplazada están ubicados simétricamente con los de la capa inferior. Por lo tanto, para alcanzar esa posición desde la inicial habrá que ir aplicando una fuerza de corte τ creciente para vencer la resistencia al deslizamiento hasta alcanzar una posición en la que la resistencia se hace máxima para luego disminuir hasta anularse en la posición indicada en la figura. A partir de esa posición, las fuerzas interatómicas juegan a favor del deslizamiento ya que alcanzado el punto de máxima distancia interatómica, la continuación del deslizamiento implica una disminución de esa distancia.

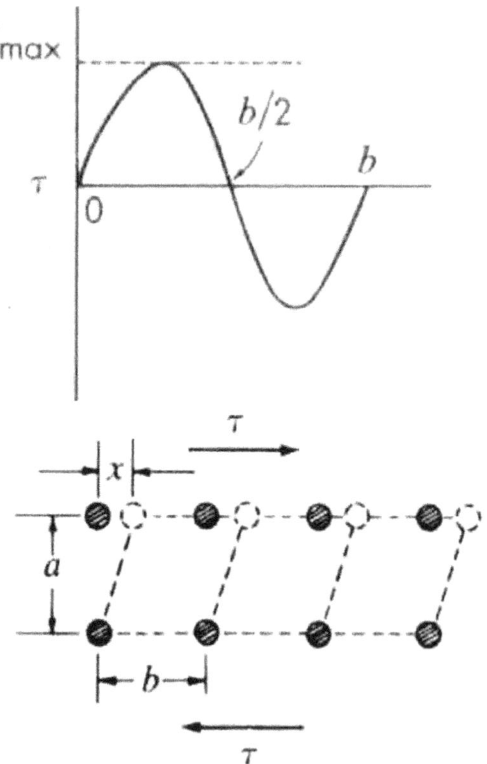

Fig. 2.15 – Resistencia teórica de un cristal al deslizamiento.

Asumiendo razonablemente que el esfuerzo de corte a aplicar para desplazar un plano atómico sobre otro varía en la forma en que se muestra en la parte superior de la **Fig. 2.15**, resulta de manera aproximada

$$\tau = \tau_m Sen\frac{2\pi x}{b} \qquad \textbf{(2.3)}$$

y dado que para pequeñas deformaciones podemos, según hemos visto, aplicar la ley de Hooke **(2.2)**, por lo que podemos escribir

$$\tau = G\gamma \qquad \textbf{(2.4)}$$

donde aquí es

$$\gamma = \frac{x}{a} \qquad \textbf{(2.5)}$$

como puede verse de la parte inferior de la **Fig. 2.15**. Teniendo además en cuenta que para pequeñas deformaciones, podemos poner

$$Sen\frac{2\pi x}{b} \cong \frac{2\pi x}{b} \qquad \textbf{(2.6)}$$

Combinando las **(2.3)**, **(2.4)**, **(2.5)** y **(2.6)**, obtenemos la resistencia al corte máxima del cristal

$$\tau_m = \frac{Gb}{2\pi a} \qquad \textbf{(2.7)}$$

o bien si hacemos $a \cong b$, lo cual se cumple aproximadamente para muchos cristales, resulta

$$\tau_m \cong \frac{G}{2\pi} \qquad \textbf{(2.8)}$$

El módulo de corte *G* que figura en la **(2.8)** puede medirse experimentalmente. De tales valores experimentales, surgiría que la resistencia al corte teórica máxima de un cristal sería, según el material, la que se indica en la **Tabla 2.1** para algunos cristales típicos.

Tabla 2.1 – *Comparación de valores de resistencia teórica de algunos cristales al deslizamiento con la resistencia medida experimentalmente.*

Material	***G/2π***		***Resistencia medida experimentalmente***		
	GPa	10^6 psi	MPa	psi	τ_m/τ_{exp}
Plata	12.6	1.83	0.37	55	$\sim 3\times 10^4$
Aluminio	11.3	1.64	0.78	115	$\sim 1\times 10^4$
Cobre	19.6	2.84	0.49	70	$\sim 4\times 10^4$
Níquel	32	4.64	3.2–7.35	465–1,065	$\sim 1\times 10^4$
Hierro	33.9	4.92	27.5	3,990	$\sim 1\times 10^3$
Molibdeno	54.1	7.85	71.6	10,385	$\sim 8\times 10^2$
Niobio	16.6	2.41	33.3	4,830	$\sim 5\times 10^2$
Cadmio	9.9	1.44	0.57	85	$\sim 2\times 10^4$

Puede verse de la **Tabla 2.1** que la discrepancia entre los valores calculados teóricamente y los medidos experimentalmente es de órdenes de magnitud, siendo en todos los casos la resistencia medida experimentalmente inferior a la teórica.

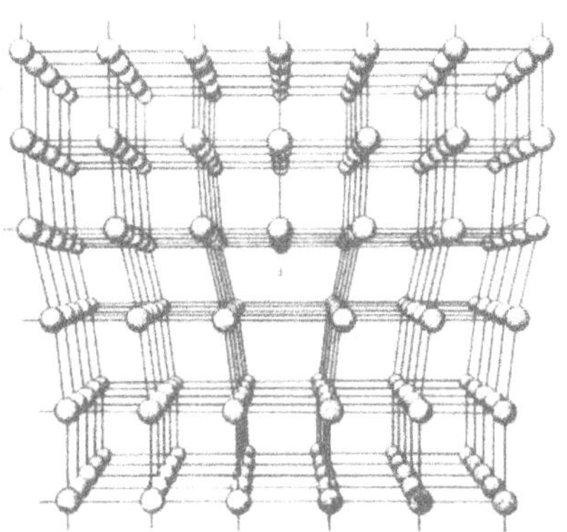

Fig. 2.16 – Dislocación de borde.

La discrepancia ente el valor de la tensión de corte teórica necesaria para iniciar el deslizamiento y el valor determinado experimentalmente puede resolverse si se introduce el concepto de *dislocación*. Este concepto fue introducido en forma simultánea pero independiente por Taylor, Orowan y Polanyi en 1934. El mismo consiste en la introducción de un plano incompleto de átomos en la red cristalina como se indica en la **Fig. 2.16**.

La presencia de este tipo de *defecto cristalino*, entendiéndolo como defecto porque constituye una imperfección en el ordenamiento atómico del cristal, permite explicar la discrepancia entre los valores teóricos y experimentales de resistencia al deslizamiento de los cristales.

La **Fig. 2.17** describe el mecanismo por el cual, el deslizamiento de una porción del cristal respecto de otra se ve facilitado por la presencia de la dislocación. El semiplano extra de átomos insertado como una “cuña” dentro de la red cristalina produce una distorsión de la misma, llevando a los átomos que lo circundan a posiciones fuera de equilibrio. De este modo, la presencia de esta

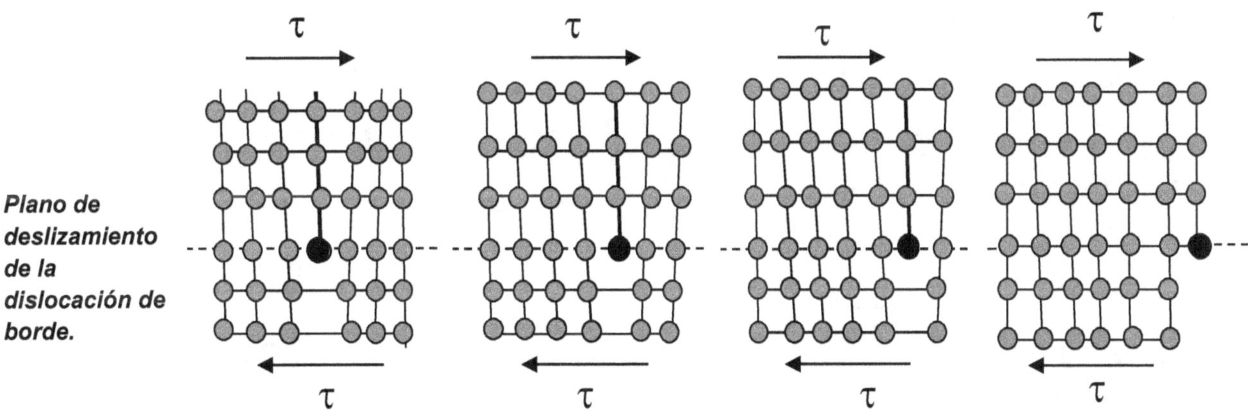

Fig. 2.17 – Movimiento de una dislocación de borde en un cristal.

imperfección cristalina permite que cuando se aplica una tensión de corte τ en la forma que se muestra en la figura, el plano extra que constituye la dislocación, en este caso denominada *de borde*, se va moviendo hacia la derecha debido a que en cada posición el plano incompleto se une a la porción inferior del plano que se encuentra a su derecha que queda a su vez como plano incompleto. Esto hace que para deformar el material no haga falta romper todos los enlaces atómicos a la vez sino que, por la presencia de la dislocación, estos se rompen por fila de átomos desplazando la dislocación un espaciado atómico. La fila inferior de átomos del plano incompleto, indicada con color negro en la figura, constituye lo que se denomina la *línea de dislocación*.

El resultado neto es el corrimiento hacia la derecha de la dislocación hasta que finalmente sale fuera del cristal lo que se traduce en que la porción del cristal que se encuentra por encima del plano de deslizamiento de la dislocación, que se indica en la figura en línea punteada, termina desplazado en una distancia interatómica con respecto a la porción del cristal que está debajo del plano de deslizamiento. De manera que con este mecanismo, el deslizamiento de un plano atómico sobre otro se realiza en forma secuencial y no requiere del movimiento cooperativo simultáneo de todos los átomos de un plano sobre el otro, lo que permite entender la disminución del esfuerzo que es necesario realizar para efectuar el deslizamiento con respecto al requerido en un cristal perfecto sin dislocaciones.

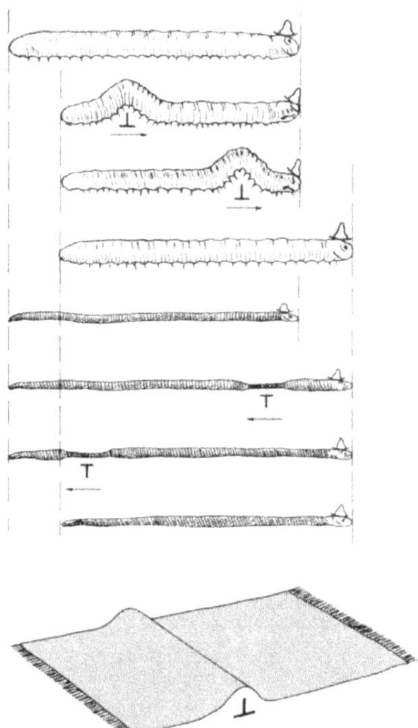

Fig. 2.18 - Analogía para entender el movimiento de dislocaciones de borde

Una analogía frecuentemente utilizada entre el movimiento de dislocaciones de borde es la referencia a los mecanismos empleados por orugas y gusanos para desplazarse, y con un posible método para lograr el desplazamiento de una alfombra pesada como se ilustra esquemáticamente en la **Fig. 2.18**.

Si bien el movimiento de una dislocación de borde como lo ilustra la **Fig. 2.17** permite un deslizamiento relativo de dos porciones del cristal en un espaciado interatómico, la contribución de una cantidad muy grande de dislocaciones permite desplazamientos observables macroscópicamente. De hecho, el deslizamiento de planos atómicos resulta en lo que macroscópicamente identificamos como *deformación plástica* de un cristal. Efectivamente, cuando deformamos plásticamente un metal, lo que a nivel atómico estamos haciendo es provocar el deslizamiento de una multitud de planos atómicos de modo de acomodar la deformación que estamos imponiendo al material y en este proceso el rol fundamental es jugado por las dislocaciones de borde.

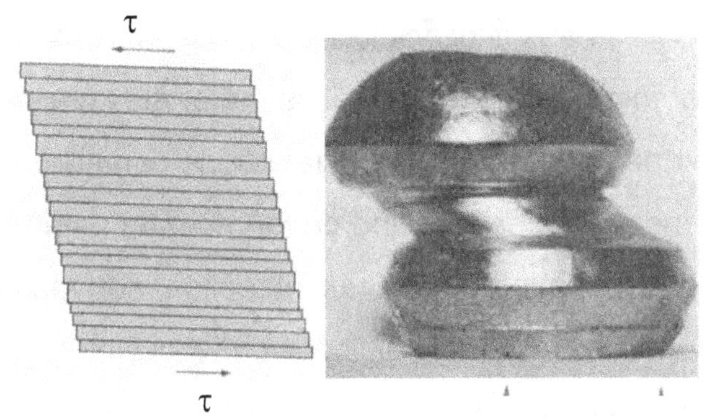

Fig. 2.19 – Deformación de cristales de Zn por acción de un esfuerzo de corte actuando sobre los planos basales.

La **Fig. 2.19** muestra un cristal de Cinc (Zn) al que se le ha impuesto una deformación plástica por deslizamiento de los planos basales (el Zn tiene celda unitaria de Bravais hexagonal compacta y los planos basales son los que constituyen los planos del apilamiento ABABA..). A la izquierda de la figura se ilustra en forma esquemática la manera en que dichos planos son solicitados por el esfuerzo de corte aplicado.

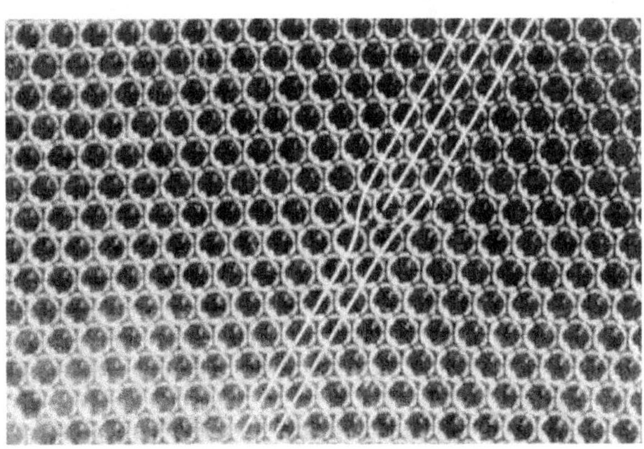

Fig. 2.20- Modelo de burbujas formando una dislocación.

Una forma en que se puede construir un modelo macroscópico de dislocaciones en mediante burbujas encerradas entre dos placas de vidrio. La **Fig.**

2.20 muestra el aspecto de este modelo en el que se observa lo que representa una dislocación formada en el modelo por un plano extra incompleto de burbujas.

Las dislocaciones de borde, si bien protagónicas en los procesos de deformación plástica de los materiales cristalinos, no son el único tipo de imperfección que un cristal puede contener. Otros defectos que juegan un rol importante en otro tipo de fenómenos, tales como difusión en fase sólida y endurecimiento por solución sólida, son los llamados *defectos puntuales*, para distinguirlos de las dislocaciones que se conocen como *defectos lineales*. Dentro de los defectos puntuales, los tres principales son: la *vacancia*, el *átomo intersticial* y el *átomo sustitucional*.

Estos defectos se muestran en la **Fig. 2.21**. Puede verse que la vacancia es implemente la ausencia de un átomo del lugar que le correspondería en la red cristalina. Un átomo sustitucional es simplemente el reemplazo de un átomo de la especia química del cristal por otro átomo de una especie química diferente, por ejemplo un átomo de Cu en un cristal de átomos de Ni, siempre y cuando este átomo diferente pase a ocupar el lugar que le correspondería en la red cristalina al átomo que es sustituido.

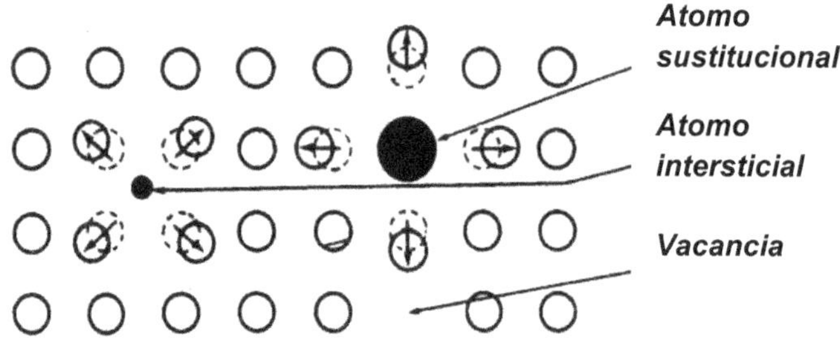

Fig. 2.21 – Defectos puntuales.

Si un átomo de otra especie química se ubica en un lugar que no corresponde a la posición de los átomos del cristal, se dice que se trata de un átomo intersticial. En general, para que un átomo se ubique como intersticial tiene que tener un tamaño lo suficientemente pequeño para acomodarse en los intersticios del cristal que lo recibe. Típicamente, los átomos que cumplen esta condición son el hidrógeno (H), oxígeno (O), nitrógeno (N), y carbono (C). Obsérvese en la **Fig. 2.21** que la presencia de átomos sustitucionales, y en particular de intersticiales, produce inevitablemente un cierto grado de distorsión en la posición de los átomos del cristal. Esta distorsión será en general tanto mayor cuanto mayor sea la diferencia de tamaño entre los átomos del cristal y los del defecto.

Finalmente, debemos mencionar un tercer tipo de imperfección o defecto cristalino que también juega un rol importante sobre las propiedades mecánicas de un material cristalino. Nos referimos al *borde de grano*. Hasta aquí sólo hemos considerado que las direcciones y planos cristalinos se extienden sin cambio a todo el volumen del cristal. Sin embargo, los materiales cristalinos de uso industrial, por ejemplo los metales, constituyen en la gran mayoría de los casos *agregados policristalinos*. Decimos que un material es un agregado policristalino o *policristal* si está constituido por una multitud de pequeños cristales en donde cada cristal, conocido entonces como *grano cristalino*, tiene la estructura que corresponde a ese material en particular, es decir cúbico de caras centradas, cúbico de cuerpo centrado, hexagonal compacto, etc. La región que limita un grano cristalino y constituye la frontera con los granos vecinos es lo que se conoce como borde de grano.

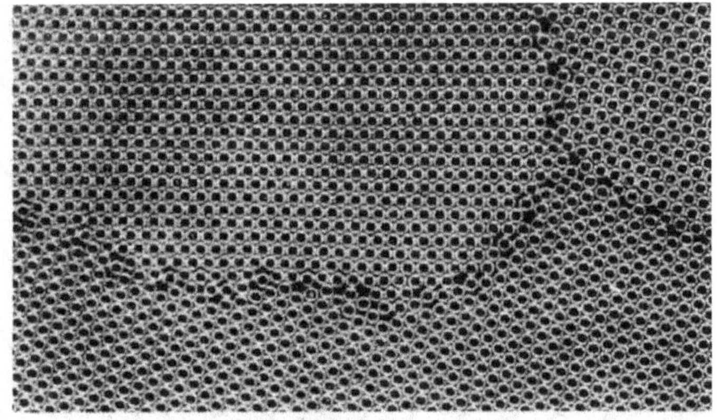

Bubble raft model of a high-angle grain boundary. Photo courtesy J. F. Nye from L. Bragg and J. F. Nye, *Proceedings of the Royal Society*, London, **190**, 474 (1947).

Fig. 2.22 – Modelo de burbujas de bordes de grano.

Recurriendo una vez más al modelo de burbujas, podemos ver en la **Fig. 2.22** la formación de lo que representarían bordes de grano en el modelo. Surge inmediatamente que la región del borde de grano, por ser una zona donde las direcciones cristalinas de un grano tienen que cambiar a las del grano vecino, es necesariamente una zona de cierto grado de desorden atómico. Por esta razón, dado que los átomos en el borde de grano están fuera de la posición de equilibrio que les correspondería en el interior del grano, aquellos se encuentran en una condición más inestable que estos últimos. Esto permite concebir al borde de grano como una superficie que limita a cada grano constituyendo la frontera con sus vecinos, que posee una *energía de borde de grano* determinada, entendiendo por tal a la energía que posee el borde de grano por unidad de superficie.

Con esto hemos completado un panorama, ciertamente no muy detallado ni riguroso, pero esencialmente correcto de lo que son las estructuras cristalinas y sus imperfecciones. Veremos de qué manera ambos aspectos juegan un rol determinante en las propiedades mecánicas de los materiales cristalinos, especialmente de los metales.

Referencias

2.1. J.F. Shackelford "*Introduction to materials science for engineers*" 6th E., 2004.

2.2. R. Philips "*Crystals, Defects and Microstructures: Modeling across scales*" Cambridge University Press, Cambridge, 2001.

2.3. H. Svoboda, "*La teoría de dislocaciones desde la epistemología de Lakatos*, FIUBA, 2000.

2.4. L.H. Van Vlack "*Elements of materials science and engineering*", 6th Ed, 1989.

2.5. A. Cottrell, "*An introduction to metallurgy*", The Institute of Materials, 1975.

3. Que se doble pero que no se rompa[3].

3.1 Cómo se comporta un material metálico sometido a tracción.

Ya hemos visto que si aplicamos una fuerza creciente a un metal, este responderá inicialmente con una deformación que hemos llamado elástica porque tiene la característica de recuperarse totalmente, es decir de desaparecer, si eliminamos la fuerza que la produce. Por esta razón decimos que las deformaciones elásticas son *reversibles*. Por el contrario, si continuamos aumentando el valor de la fuerza aplicada, llegará un momento en el que el metal empieza a sufrir deformaciones que, aunque retiremos completamente la fuerza aplicada, las mismas no se recuperan totalmente. La deformación permanente que queda en el metal una vez que hemos eliminado la fuerza aplicada, es lo que hemos llamado deformación plástica. Por eso decimos que la deformación plástica es permanente o *irreversible*. Es sin embargo importante destacar que en general la deformación total que puede experimentar un material metálico, es la suma de una deformación elástica que se recupera totalmente al eliminar la fuerza aplicada y una deformación plástica que queda en forma permanente, aún luego de eliminar la fuerza. Estos conceptos pueden entenderse muy fácilmente si consideramos el comportamiento de una barra cilíndrica de un metal sometido a un esfuerzo de tracción como se muestra en la **Fig. 3.1**.

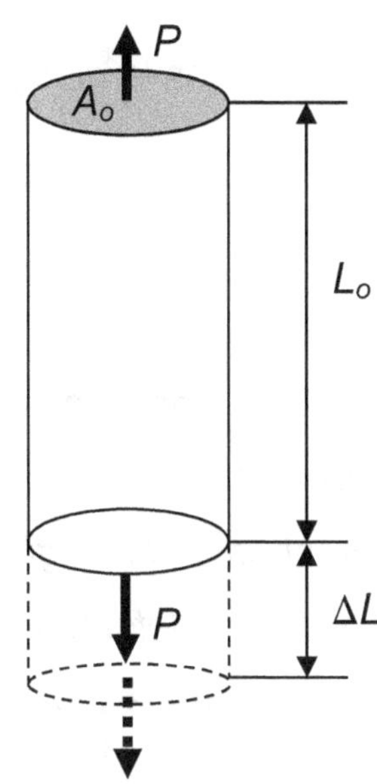

Fig. 3. 1 – Barra sometida a un esfuerzo de tracción.

Si tomamos por ejemplo una barra de acero al carbono cilíndrica de sección transversal uniforme A_o, y la sometemos a una fuerza de tracción P que vamos aumentando progresivamente, la barra responderá a dicho esfuerzo con un

[3] *Juego de palabras invirtiendo un viejo adagio del partido Radical de la Argentina: "Que se rompa pero que no se doble".*

alargamiento ΔL que irá aumentando al incrementarse el valor de la fuerza P aplicada. Si definimos como *tensión ingenieril* σ_{Ing} al cociente entre la fuerza P y la sección inicial de la barra A_o, de modo que

$$\sigma_{Ing} = \frac{P}{A_o} \qquad \textbf{(3.1)}$$

y definimos la *elongación unitaria* o *deformación unitaria* (*o específica*) como

$$e = \frac{\Delta L}{L_o} \qquad \textbf{(3.2)}$$

la experiencia nos enseña que si construimos un gráfico σ_{Ing} vs. e, obtenemos el *diagrama de tensión ingenieril-deformación ingenieril* que se muestra en la **Fig. 3.2**.

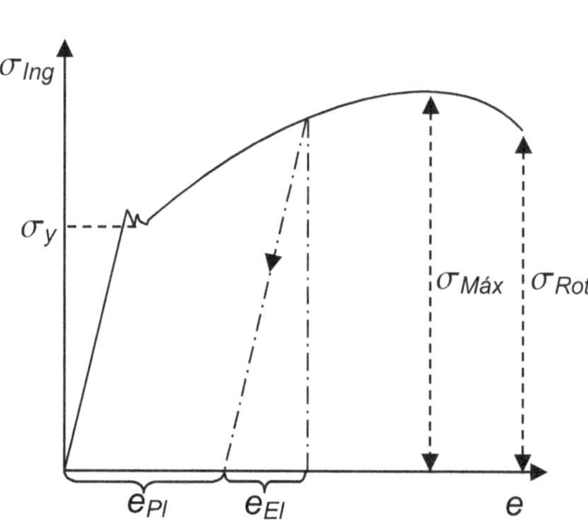

Fig. 3. 2 – Diagrama de tracción tensión ingenieril-deformación ingenieril

Puede verse en la figura que hasta un cierto valor de la carga correspondiente a una tensión aplicada σ_y, que depende del material y que es un valor característico llamado *tensión de fluencia* del material, el gráfico es una línea recta. Es la región del diagrama en la cual el material se comporta como un *elástico lineal*, es decir donde se cumple que las tensiones son directamente proporcionales a las deformaciones unitarias. Otro punto que corresponde a un valor de tensión característico de cada material es el punto de tensión máxima en el diagrama. La tensión en este punto es lo que se conoce como *resistencia a la tracción ingenieril* que identificamos como $\sigma_{Máx}$ en el diagrama. La tensión correspondiente al punto en el cual se produce la rotura de la probeta, σ_{Rot}, está también indicada en la figura pero es importante tener en cuenta que no constituye una constante característica del material ya que puede variar significativamente con la rigidez de la máquina con se ejecute el ensayo.

Si en un punto cualquiera del ensayo superado el punto de fluencia eliminamos la carga aplicada, lo que se observa es una recuperación parcial de la deformación como se muestra en la figura. La experiencia nos enseña que la descarga se producirá con la misma pendiente con que se produjo la carga elástica. La deformación recuperada es la componente o parte elástica de la deformación unitaria total que la barra tenía en el momento en que se inicia la descarga. Esta deformación recuperada es la indicada como e_{El} en la figura, mientras que la deformación que permanece luego de la descarga es la componente plástica de la deformación unitaria total, indicada como e_{Pl} en el diagrama. De modo que siempre es posible escribir para la deformación unitaria total

$$e = e_{El} + e_{Pl} \qquad \textbf{(3.3)}$$

La cantidad de deformación plástica unitaria de un material hasta el punto de rotura se toma habitualmente como una medida de su *ductilidad*. De manera que podemos medir la ductilidad en un ensayo de tracción como la deformación plástica unitaria correspondiente al punto de rotura de la barra $e_{Pl\,Rot}$. Los valores de tensión de fluencia σ_y, resistencia a la tracción $\sigma_{Máx}$ y ductilidad $e_{Pl\,Rot}$ caracterizan totalmente el comportamiento a la tracción de un material metálico y son en general suficientes para establecer las dimensiones de un componente estructural a construirse con ese material, es decir para su diseño.

Debemos señalar que el diagrama σ_{Ing} vs. *e* de la **Fig. 3.2** se denomina de tensión ingenieril-deformación ingenieril porque la tensión se calcula de acuerdo con la expresión **(3.1)**, es decir dividiendo la carga aplicada por el área inicial de la sección normal de la barra. Ahora bien, el área de la sección normal de la barra no se mantiene constante a medida que se incrementa la carga. Esto se debe a que por un lado, cuando una barra es solicitada en tracción, la componente elástica de la deformación total está siempre acompañada de un pequeño acortamiento de las dimensiones transversales de la barra, es decir por una pequeña reducción de su diámetro. En general esto se traduce en una reducción de área que puede ser ignorada desde el punto de vista práctico. Sin embargo, hemos visto que la deformación total, una vez superado el punto de fluencia, es siempre la suma de una componente elástica y de una componente plástica. La experiencia nos enseña que la deformación plástica es un proceso que se desarrolla a volumen constante. Es decir que si tomamos un material y lo deformamos en forma arbitraria, su volumen inicial no habrá cambiado en el proceso de deformación plástica. Esto significa que a medida que la barra aumenta su longitud en el ensayo, se producirá una disminución de la sección para asegurar la constancia del volumen de la barra. Esta reducción de sección durante el ensayo de tracción ya no puede ser en general considerada despreciable y la forma de tenerla en cuenta es definiendo la *tensión verdadera* σ como el cociente entre la carga aplicada P y la *sección instantánea* A de la barra, es decir

$$\sigma = \frac{P}{A} \qquad \textbf{(3.4)}$$

Durante el ensayo de tracción de una barra cilíndrica metálica, como por ejemplo de acero al carbono o de alguna aleación de aluminio, la reducción de sección que se produce como consecuencia del estiramiento de la barra, es uniforme a lo largo de toda su longitud hasta que se alcanza el punto correspondiente a la carga máxima, es decir hasta el momento en que la tensión ingenieril aplicada alcanza el valor máximo $\sigma_{Máx}$. A partir de este punto, la reducción de sección transversal de la barra se localiza en alguna sección lo que rápidamente lleva a la rotura de aquella. Este fenómeno, conocido como *estricción*, es la consecuencia de una inestabilidad que se produce en la deformación plástica que hasta ese momento venía progresando de manera uniforme sobre toda la longitud de la barra. Comenzada la estricción, la deformación plástica se concentra en una sección lo que lleva al colapso plástico en esa sección.

En el Apéndice **A.1** puede encontrarse la demostración que así como hemos definido una tensión verdadera, podemos definir una *deformación verdadera* como

$$\varepsilon = \ln \frac{l}{l_o} \qquad \textbf{(3.5)}$$

Observemos que teniendo en cuenta las definiciones anteriores, surgen inmediatamente las siguientes relaciones

$$\varepsilon = \ln \frac{L}{L_o} = \ln \frac{L_o + \Delta L}{L_o} = 1 + \frac{\Delta L}{L_o} = 1 + e \qquad \textbf{(3.6)}$$

y

$$\sigma = \frac{P}{A} = \frac{P}{A_o}\frac{L}{L_o} = \sigma_{Ing}\frac{L_o + \Delta L}{L_o} = \sigma_{Ing}\left(1 + e\right) \qquad \textbf{(3.7)}$$

donde para la deducción de la **(3.7)** hemos hecho uso de la relación $A_oL_o = AL$ que representa la constancia de volumen durante la deformación plástica uniforme de la barra. Notemos que llegado al punto de carga máxima, si bien sigue siendo válida la constancia de volumen, al concentrase la deformación en una sección, la relación anterior deja de ser válida. Las **(3.6)** y **(3.7)** nos permiten entonces obtener el gráfico tensión verdadera-deformación verdadera conocido el de tensión ingenieril-deformación ingenieril, pero sólo hasta el punto de carga máxima debido a que la validez de la **(3.7)** se quiebra en dicho punto. Observemos también que en la deducción de la **(3.7)** hemos despreciado el cambio de volumen elástico. Esto

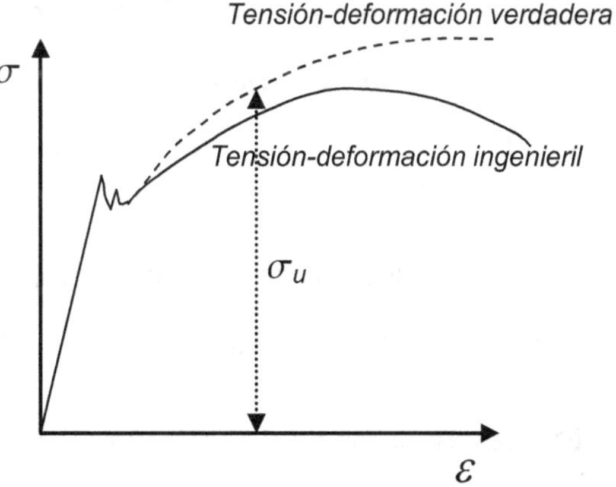

Fig. 3.3 – Curvas tensión-deformación verdadera vs. tensión-deformación ingenieril.

implica ignorar las componentes elásticas de la deformación total, lo que es válido cuando las deformaciones unitarias totales se hacen lo suficientemente grandes, digamos del orden de 1% y podemos entonces despreciar las componentes elásticas frente a las plásticas, lo que hace a la **(3.7)** una relación aproximada pero que puede utilizarse en la práctica para pasar de un gráfico convencional o ingenieril a uno verdadero sin grandes errores.

La **Fig. 3.3** muestra esquemáticamente como ambas curvas van separándose a medida que la deformación aumenta. La divergencia entre las curvas comienza a hacerse significativa una vez pasado el punto de fluencia. Obsérvese que la curva tensión verdadera-deformación verdadera no presenta un punto de tensión máxima como lo hace la correspondiente curva ingenieril. Esto se debe a que en la primera, la carga es dividida por la sección instantánea que se va reduciendo a medida que el ensayo progresa, por lo que la tensión verdadera aumenta continuamente hasta la rotura de la barra. Al igual que en el caso de la tensión ingenieril, la resistencia a la tracción verdadera de un material metálico se identifica con el valor de tensión correspondiente al punto de carga máxima en el diagrama. Este punto no es evidente en el diagrama tensión verdadera-deformación verdadera pero hay procedimientos que permiten obtenerlo. En la figura hemos indicado dicho punto y la resistencia a la tracción verdadera la hemos identificado como σ_u. Por supuesto ambos puntos, el correspondiente a $\sigma_{Máx}$ en el diagrama ingenieril y el correspondiente a σ_u en el diagrama verdadero, corresponden a la misma condición física en la barra.

Antes de analizar el comportamiento a la tracción de los polímeros, detengámonos en un fenómeno que acompaña el inicio de la deformación plástica de algunos materiales metálicos. Podemos ver en las curvas tensión-deformación de las **Figs. 3.2** y **3.3** que la transición entre el comportamiento lineal elástico y la zona de deformación plástica no lineal se produce con una oscilación en la tensión. Esta oscilación en la tensión corresponde a una región en la cual la deformación deja de ser uniforme a lo largo de la probeta y se concentra en bandas orientadas aproximadamente a 45° de la dirección del esfuerzo aplicado como lo ilustra esquemáticamente la **Fig. 3.4**. Estas bandas se conocen como *Bandas de Lüders* y su formación se corresponde con las oscilaciones de tensión que acompañan a la entrada en fluencia plástica en algunos materiales metálicos como por ejemplo los aceros al carbono y que se muestran en forma amplificada en la parte izquierda de la figura.

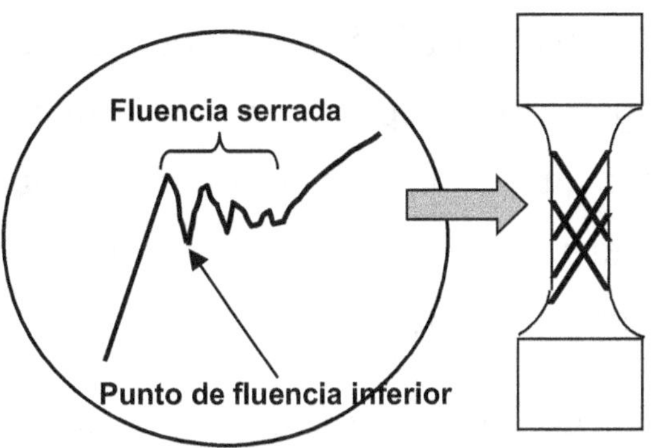

Fig. 3.4 – Formación de bandas de Lüders en una probeta de tracción y su relación con la fluencia serrada

Este fenómeno se conoce como *fluencia serrada* por el aspecto que presenta de dientes de sierra en el diagrama tensión-deformación y tiene su origen en la interacción entre las dislocaciones y átomos de elementos intersticiales que pueden estar presentes en el cristal, esencialmente carbono y nitrógeno. Cuando estos átomos se encuentran en un cristal, por ejemplo en un cristal de Fe que tiene estructura cúbica de cuerpo centrado, aquellos átomos migran a regiones del cristal en las cuales se pueden acumular en forma estable. Estas regiones pueden ser las adyacencias de una dislocación de borde como se muestra en la **Fig. 3.5**. La migración de estos átomos intersticiales hacia las dislocaciones se ve facilitada por el muy pequeño diámetro de estos átomos y por la activación térmica, es decir por la energía cinética o de movimiento que adquieren cuando la temperatura del material es lo suficientemente elevada, la que en el caso de los átomos mencionados, puede ser la de ambiente. Las dislocaciones de borde proveen sitios estables para la acumulación de estos átomos formándose lo que se llaman *atmósferas de Cottrell*. Estas “atmósferas” fijan la dislocación y hacen que moverla

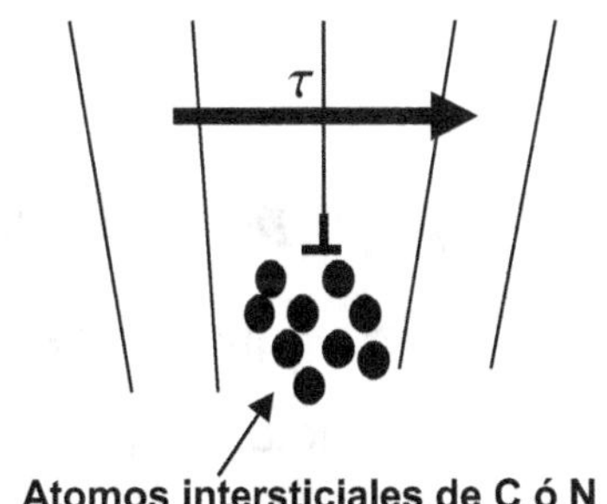

Fig. 3.5 – Formación de atmósferas de Cottrell.

en su plano de deslizamiento exija una tensión tangencial τ mayor que la que se requeriría en ausencia de aquellas. Una vez que la dislocación comienza a moverse, deja atrás a la atmósfera que la "anclaba" y la deformación puede proseguir con una tensión menor, lo que explica la caída de tensión en el diagrama tensión-deformación al punto de fluencia inferior. Al aumentar la deformación plástica más allá de este punto, se producen oscilaciones en la tensión que se corresponden con la formación de bandas de deformación plástica localizada que van ocupando regiones cada vez mayores de la probeta hasta que finalmente la deformación plástica comienza a progresar de manera uniforme sobre toda la probeta.

No todos los materiales metálicos presentan este fenómeno que es particularmente importante en los aceros al carbono por sus consecuencias prácticas. Efectivamente, la formación de bandas de Lüders en los procesos de conformado plástico de piezas, por ejemplo de carrocerías de automotores, hace que queden marcas inadmisibles sobre las mismas. Por esta razón, la chapa de acero al carbono que se emplea para estampado de componentes de carrocería, es sometida previamente a un laminado "en frío". Este proceso de deformación plástica a temperatura ambiente elimina la fluencia serrada y el material puede luego estamparse sin el inconveniente de la formación de las bandas de Lüders.

3.2 ¿Qué pasa si sometemos a la tracción a un polímero?

Hasta aquí hemos considerado sólo el comportamiento a la tracción de materiales metálicos, sean estos metales puros o aleaciones. En la actualidad asistimos a un empleo creciente de los polímeros, comúnmente llamados *plásticos* como materiales estructurales, en particular cuando estos polímeros forman parte de materiales compuestos reforzados por fibras o partículas como veremos más adelante. Ya hemos visto que los polímeros pueden clasificarse en dos grandes grupos: los polímeros lineales o termoplásticos y los polímeros que forman estructuras moleculares tridimensionales o termorígidos.

Desde el punto de vista químico, los polímeros de uso comercial son generalmente compuestos de C, H, N, O, F y Si. En lo que hace a su comportamiento a la tracción, los polímeros lineales muestran una fuerte dependencia con la temperatura, lo que de hecho es la razón por la cual los plásticos en general no son aptos para servicio a temperaturas elevadas. La dependencia con la temperatura de la resistencia a la tracción de los polímeros lineales puede analizarse mediante la variación de su módulo elástico en función de la temperatura.

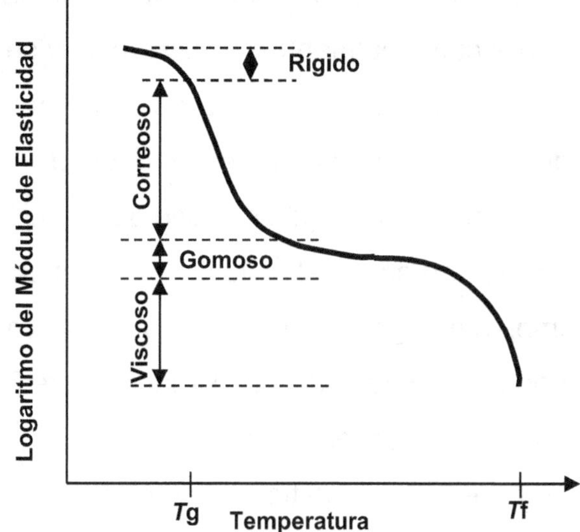

Fig. 3.6 – Variación del módulo elástico con la temperatura en un polímero con 50% de cristalinidad.

Esta dependencia está ilustrada en la **Fig. 3.6** en la que se muestra como varía típicamente el módulo elástico de un polímero lineal con un porcentaje de cristalización de aproximadamente 50%. La temperatura *T*g, denominada de *transición vítrea*, es la temperatura por debajo de la cual el polímero se comporta como un sólido elástico, es decir presenta un comportamiento mecánico similar al de un metal o un cerámico. Por encima de esa temperatura, el polímero experimenta un comportamiento denominado *correoso* (el término proviene de la palabra "cuero"), indicando con esto que si se somete el polímero a un esfuerzo dentro de este rango de temperatura, la recuperación de la deformación cuando el esfuerzo desaparece no es instantánea sino que se va produciendo con cierto retardo. El comportamiento *gomoso* es el que se observa en un rango de temperaturas dentro del cual el módulo elástico cambia muy poco con la temperatura y corresponde a un comportamiento en el cual el material puede experimentar altas deformaciones que son recuperables muy rápidamente al eliminarse el esfuerzo aplicado. Es el comportamiento que caracteriza a los polímeros llamados *elastómeros*. A una temperatura más alta aun, el polímero comienza a comportarse como un fluido viscoso y a cierta temperatura *Tf*, denominada *temperatura de fusión*, el material pierde completamente su resistencia y se comporta como un líquido de baja viscosidad. Para dar una idea de la diferencia entre el módulo de Young de un acero al C y el módulo elástico de un polímero lineal como por ejemplo el polietileno a temperatura ambiente, digamos que mientras el acero posee un módulo de Young de aproximadamente 200000 MPa (recordemos que un MPa es igual a 10^6 Pascales, es decir 10^6 N/m^2), el polietileno tiene un módulo elástico de aproximadamente 1400 MPa.

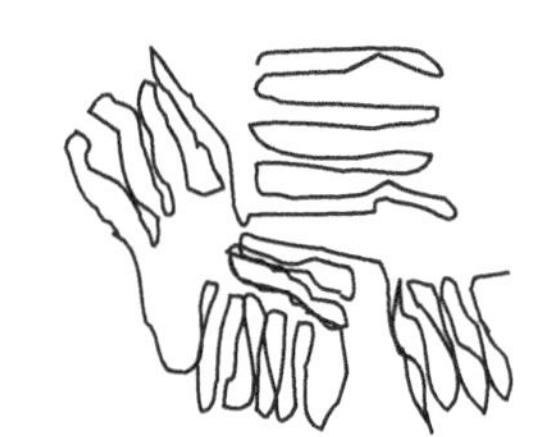

Fig. 3.7 – Cristalización parcial esquemática de un polímero lineal.

Ya hemos visto que los polímeros lineales pueden cristalizar parcialmente mediante el plegado sobre sí mismas de las cadenas moleculares como lo muestra esquemáticamente la **Fig. 3.7**, formando así una suerte de "paquetes" cristalinos vinculados por zonas amorfas, es decir no ordenadas. El porcentaje de cristalinidad en peso o en volumen tiene una influencia importante sobre el comportamiento mecánico del polímero. En general, al aumentar dicho porcentaje, se incrementa la densidad y la resistencia mecánica como lo muestra la **Fig. 3.8**.

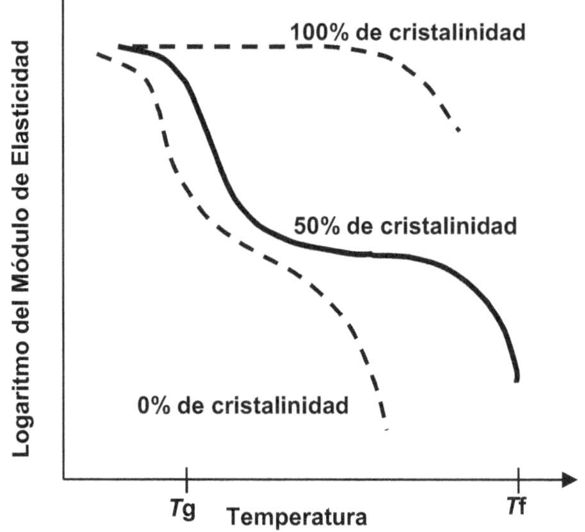

Fig. 3.8 – Variación del módulo elástico con la temperatura en un polímero según el porcentaje de cristalinidad.

El plegado sobre sí mismas de las cadenas moleculares individuales para formar esos paquetes cristalinos se efectúa mediante enlaces débiles o de tipo Van der Waals. Estos enlaces son los primeros en romperse cuando el polímero es sometido a un esfuerzo de tracción dando así origen a una curva tensión verdadera-deformación verdadera característica que se muestra en la **Fig. 3.9**.

En la misma puede observarse un comportamiento elástico inicial durante el

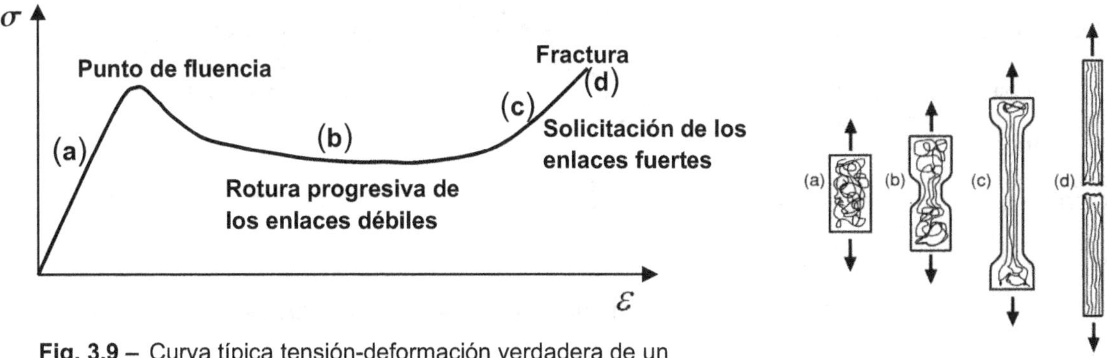

Fig. 3.9 – Curva típica tensión-deformación verdadera de un polímero lineal parcialmente cristalino.

cual sólo hay un estiramiento de los enlaces interatómicos como se muestra esquemáticamente en la parte (**a**) de la figura, hasta alcanzar un punto denominado de fluencia. A partir de este punto la resistencia disminuye manteniéndose con poca variación mientras se produce la rotura de los enlaces débiles y el alineamiento de las cadenas de moléculas en la dirección del esfuerzo aplicado como lo muestra la parte (**b**) de la misma figura. Una vez que las cadenas moleculares quedan alineadas, la solicitación de los enlaces fuertes produce un aumento de la resistencia indicada por la zona (**c**) hasta que finalmente se alcanza la tensión de rotura de dichos enlaces y la fractura del polímero representado por el punto (**d**).

Obsérvese una diferencia significativa con respecto al comportamiento a la tracción de un metal. En este último, el inicio de la estricción, por ser una condición de inestabilidad, conduce rápidamente a la rotura, mientras que en un polímero, la aparición de la estricción coincide con el comienzo de la rotura de los enlaces débiles y el consiguiente alineamiento de las cadenas moleculares.

Mientras este proceso se completa, la estricción, que en este caso no representa una condición de inestabilidad, se propaga a lo largo de la probeta como se ilustra en la parte derecha de la **Fig. 3.9** hasta que finalmente se alcanza la rotura.

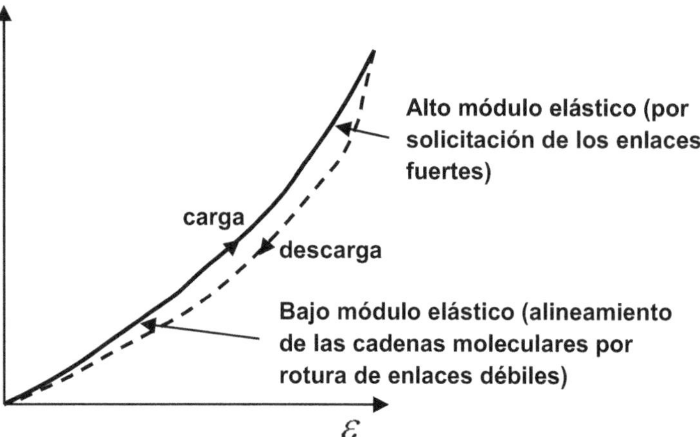

Fig. 3.10 – Curva tensión-deformación de un elastómero.

Los elastómeros son aquellos polímeros que poseen una región de comportamiento gomoso pronunciada, es decir que se extiende por un rango relativamente amplio de temperaturas alrededor de la de ambiente. Como se ha mencionado, los elastómeros se caracterizan por experimentar grandes deformaciones que son recuperadas casi instantáneamente cuando desaparece el esfuerzo con que se los solicita. Su comportamiento es elástico no

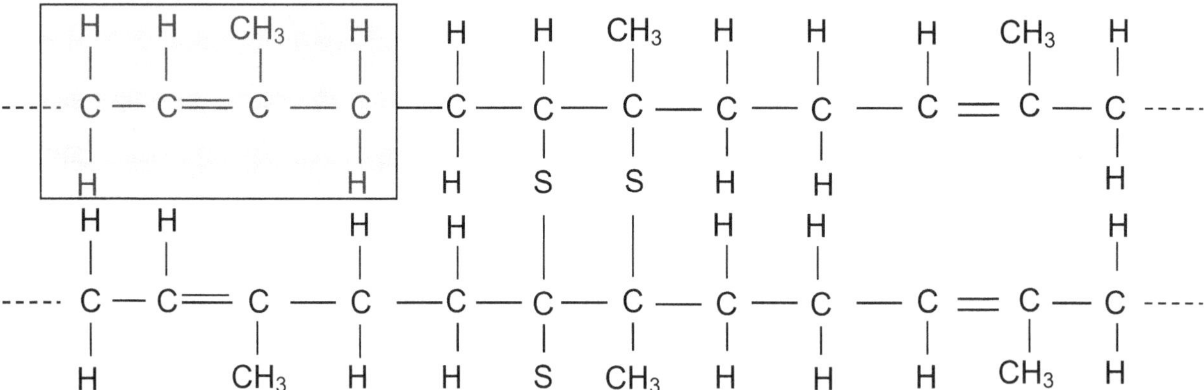

Fig. 3.11 – El entrecruzado (cross linking) de las moléculas mediantes enlaces fuertes provistos por los átomos de S que vinculan moléculas transversalmente generando una red espacial más rígida que constituye la goma vulcanizada. En el recuadro gris se identifica la unidad estructural del polímero lineal llamada *mero*.

lineal como puede verse en la curva tensión-deformación de la **Fig. 3.10**. A bajas deformaciones, que es la región en la cual en general los elastómeros son empleados, el módulo elástico es también bajo ya que la resistencia en esa región está dada por la que presenta la rotura de los enlaces débiles, que se recomponen durante la descarga. A tensiones mayores, el módulo elástico aumenta porque la resistencia está entonces dada por la solicitación de los enlaces fuertes. Obsérvese que si bien se produce la recuperación de la deformación cuando la carga desaparece, el camino seguido por el material en la descarga no es idéntico al de la carga, por lo que el elastómero, si bien no es estrictamente un elástico no lineal, puede considerárselo como tal desde un punto de vista práctico.

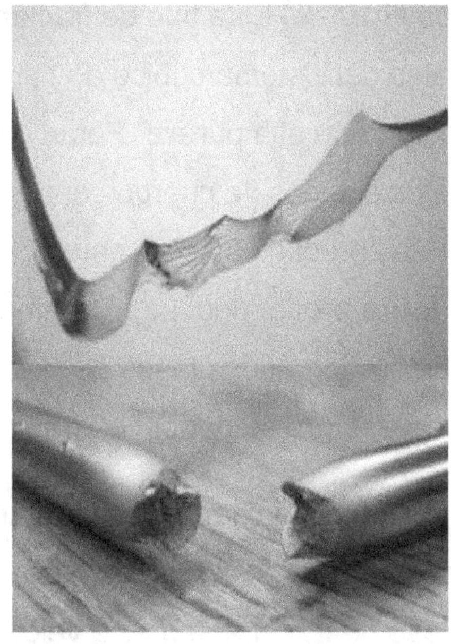

Fig. 3.12 – Los dos modos de rotura diferentes que puede presentar un material sólido. Arriba, la fractura frágil. Abajo, la fractura dúctil

Una manera de incrementar la rigidez de un polímero lineal es mediante el interconectado de sus cadenas moleculares (*cross linking*) como ocurre por ejemplo en el proceso de *vulcanizado* utilizado en la fabricación de neumáticos para vehículos como se muestra en la **Fig. 3.11**. En este método, mediante la utilización de azufre y procesamiento a presión y temperatura, se logra vincular las cadenas moleculares mediante enlaces fuertes, lo que produce el aumento buscado en la resistencia y rigidez. Otros materiales cuya resistencia está incrementada por “cross linking” son las gomas duras, las resinas termo-fraguantes, los poliésteres, poliuretanos, y el fenol-formaldehido (bakelita).

3.3 ¿Cómo se rompen los materiales?

La experiencia diaria nos sugiere que los materiales presentan dos comportamientos bien diferenciados de rotura: la fractura frágil, como ocurre en un vidrio o en un cerámico y la de los metales en general, en los que la rotura es la culminación de un proceso de deformación plástica (fractura dúctil). Es así que, como lo muestra la **Fig. 3.12**, muchos metales sometidos a un ensayo de tracción presentarán como ya sabemos una estricción en la zona central de la probeta para romper finalmente con valores de reducción de área que pueden llegar en algunos casos al 100%. Este tipo de fractura se denomina dúctil y es característico de metales del sistema cubico de caras centradas (fcc), sobre todo si se encuentran en estado de alta pureza. Por el contrario, muchos sólidos, particularmente metales cúbicos de cuerpo centrado (bcc) y cristales iónicos, pueden presentan fracturas precedidas por cantidades muy pequeñas de deformación plástica, con una fisura propagándose rápidamente a lo largo de planos cristalográficos bien definidos, llamados planos de clivaje, que poseen baja energía superficial. Este tipo de fractura se denomina frágil.

Si bien la diferenciación anterior es de gran importancia conceptual y práctica, desde el punto de vista ingenieril es también importante caracterizar el proceso de fractura según la velocidad con que se desarrolla. Desde este punto de vista la fractura rápida se caracteriza por la propagación inestable de una fisura en una estructura; en otras palabras, una vez que la fisura comienza crecer el sistema de cargas de por sí produce una propagación acelerada de aquella. Es importante destacar que la fractura frágil, cuando se produce, es siempre rápida. En cambio, la fractura dúctil puede o no serlo según las características del material y del sistema de cargas al que esté sometido. Las velocidades de propagación de una fractura rápida pueden ser desde unos centenares a algunos miles de metros por segundo y puede o no estar precedida por una extensión lenta de la fisura. La extensión lenta de una fisura, en cambio, es una propagación estable y que requiere para su mantenimiento un incremento continuo de las cargas aplicadas.

La fractura rápida constituye el modo de falla más catastrófico y letal que puede afectar a un elemento estructural. La misma se produce en general bajo cargas normales de servicio, muchas veces inferiores a las de diseño. Por tal motivo, la fractura rápida no es precedida por deformaciones macroscópicas que permitan tomar medidas para evitarla o para reducir la gravedad de sus consecuencias. Una vez iniciada, pocas veces se detiene antes de producir la rotura completa de componente.

Las características que adopta en general la falla por fractura rápida, y que explican en parte el alto costo en vidas y bienes frecuentemente asociados con este tipo de evento, son las siguientes:

En primer lugar, la falla se produce de manera totalmente sorpresiva y progresa a muy alta velocidad, típicamente entre algunos centenares y algunos miles de metros por segundo. Como se ha mencionado, la falla suele ocurrir cuando el componente está sometido a tensiones compatibles con las de diseño, y muchas veces inferiores a la máxima prevista. Finalmente, el origen de la falla se debe muchas veces a factores ajenos al diseño que son introducidos durante fabricación, muy particularmente a través de las operaciones de soldadura, no siendo detectados como factores potenciales de riesgo por los responsables de la construcción e inspección del componente.

Fig. 3.13 - Un caso clásico de fractura rápida (frágil). Tanker T-2 USS Schenectady, acaecida con la nave en puerto, amarrada y descargada.

El fenómeno de fractura rápida se hizo particularmente dramático en las roturas de los barcos tipo “Liberty”, “Victory” y tankers “T-2” de la marina de los EE.UU. acaecidas durante los años 1939-1945, poniendo así de relieve la insuficiencia de los criterios clásicos de diseño usados para estructuras abulonadas o remachadas, cuando se pretendía extenderlos inalterados al cálculo de estructuras soldadas. Estos criterios, basados esencialmente en los valores de resistencia a la tracción y de reducción de área, condujeron posteriormente a fallas similares en recipientes de presión y otros elementos estructurales que fueron motivo de perjuicios técnico-económicos de magnitudes tales como para colocar el estudio de la fractura entre los temas de investigación importantes de la actualidad. Un ejemplo particularmente elocuente de este tipo de falla fue la rotura del USS Schenectady, que se muestra en la **Fig. 3.13**, acaecida estando la nave amarrada en puerto, en aguas calmas y descargada. Este caso ilustra con elocuencia las características con que suele presentarse una fractura rápida, es decir:

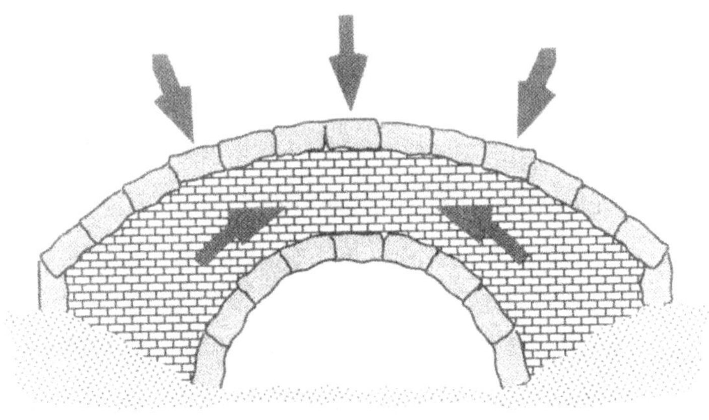

Fig. 3.14 - Puente romano de comienzos de la era cristiana

- rotura sorpresiva
- ausencia de sobrecargas
- diseño "clásico" correcto

De los aproximadamente 5000 barcos de las series Liberty, Victory y tankers T-2, que los EE.UU. construyeron en los años 1940-45, unos 800 sufrieron fallas estructurales importantes y unos 200 fracturas mayores. Dado que estos buques incorporaban el concepto de viga buque soldada, se puso en evidencia alguna relación entre el uso de la soldadura y los problemas de

Leonardo Da Vinci (arriba) y A.A. Griffith (abajo)

falla por fractura rápida. Esta circunstancia llevó al inicio de un programa de investigación en el tema que condujo al desarrollo actual de la Mecánica de Fractura.

La necesidad de recurrir a diseños aptos para evitar la fractura frágil no es un concepto nuevo. Un recurso utilizado hasta fines del siglo XVIII y XIX fue la utilización de elementos estructurales trabajando en compresión como lo ilustra este diseño de un puente romano en la **Fig. 3.14**. Esta necesidad surgía debido al comportamiento relativamente frágil de los materiales estructurales utilizados hasta la introducción de la producción en masa del acero en la Revolución Industrial.

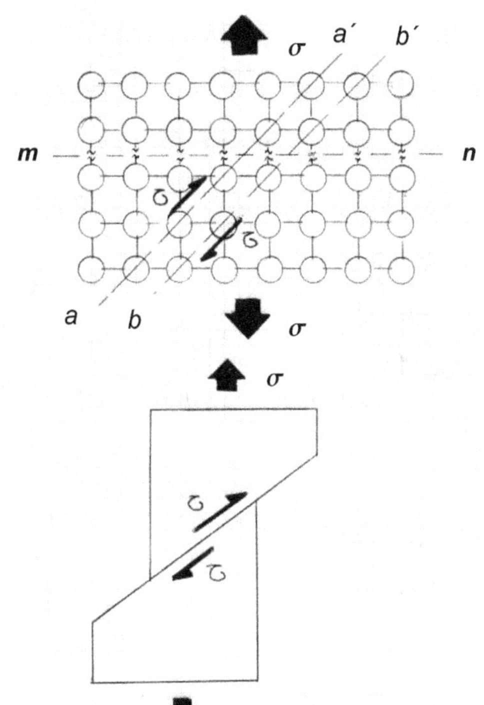

Fig. 3.15 – Cristal sometido a un esfuerzo de tracción (arriba). Deslizamiento del cristal por los esfuerzos de corte en planos a 45° de la dirección de la tensión de tracción (abajo).

Los primeros estudios de fractura se remontan posiblemente a Leonardo da Vinci, que midió la resistencia a la rotura de alambres de hierro y encontró que su resistencia variaba inversamente con la longitud del alambre ensayado. Esto puso de manifiesto por primera vez el hecho que la población de defectos en el material controla su resistencia, ya que al ser de mayor longitud, un alambre tiene una mayor probabilidad de contener tales defectos. Esta investigación revestía no obstante un carácter aun cualitativo y fue necesario esperar hasta principios del siglo XX, cuando en 1920 Alan A. Griffith, ingeniero aeronáutico británico publicó los resultados de sus investigaciones sobre la propagación inestable de fisuras en vidrio.

Para entender mejor ambos modos de rotura, frágil y dúctil, consideremos lo que ocurre a nivel atómico en un cristal cuando es solicitado por un esfuerzo de tracción σcomo se muestra en la **Fig. 3.15**.

Cuando un material cristalino está sometido a un esfuerzo de tracción σ, puede ocurrir la rotura de los enlaces atómicos a través de planos tales como el *mn*, lo que resulta en la separación de los planos atómicos bajo la acción de este esfuerzo. Esto constituye una *fractura frágil* o por *clivaje*, así denominada porque los planos que sufren este tipo de separación se llaman de clivaje. Ahora bien, puede demostrarse que cuando una pieza está sometida a un esfuerzo de tracción simple σ, se genera una tensión de corte τ que es máxima en los planos a 45° de la dirección del esfuerzo de tracción y cuyo valor numérico es la mitad del valor de σ. Si el plano *mn* no es de clivaje, la fractura fractura frágil no se produce según ese plano y se puede producir en cambio el deslizamiento de planos tales como los *aa'* y *bb'* bajo la acción de esa tensión de corte τ, como se muestra esquemáticamente en la parte inferior de la **Fig. 3.15**. La fractura ocurrirá entonces como la culminación del proceso de deformación plástica representada por dicho deslizamiento, lo que constituye un mecanismo de *fractura dúctil*.

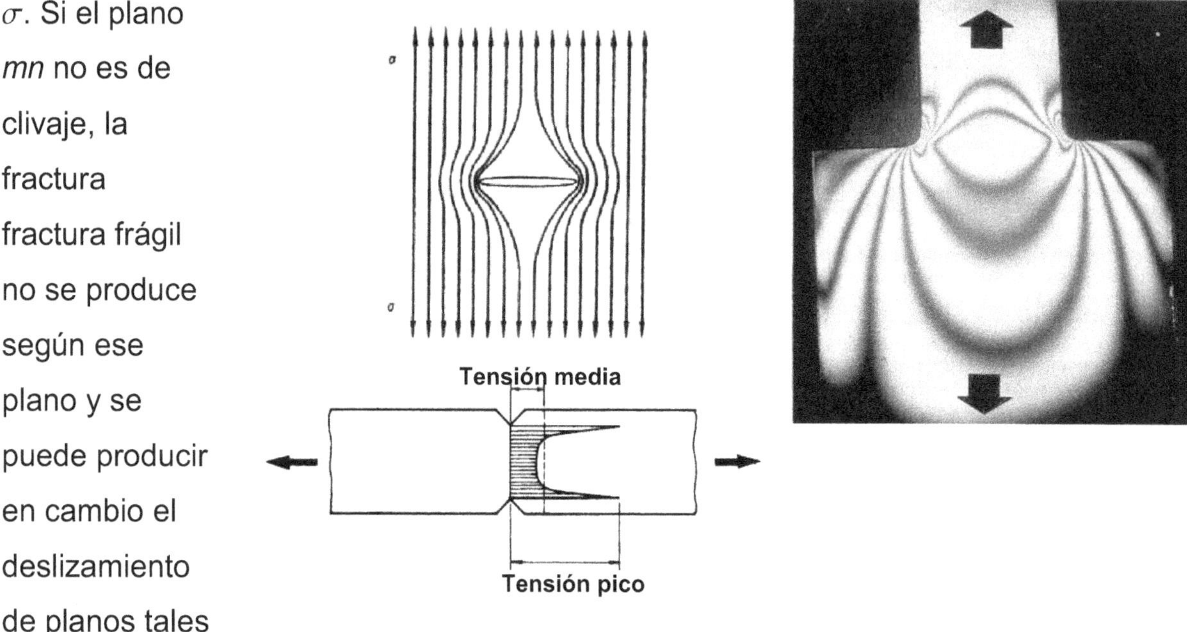

Fig. 3.16 – Concentradores de tensión. Arriba a la izquierda fisura pasante en una chapa. Abajo izquierda, placa con entallas laterales. A la derecha puede verse una imagen de un ensayo fotoelástico que permite visualizar el efecto de concentración de tensiones producido por el cambio brusco de sección. Las flechas indican en todos los casos la dirección de la tensión aplicada.

La presencia de un concentrador local de tensiones, como puede serlo típicamente una fisura, facilita notablemente el proceso de clivaje, es decir de fractura frágil. Para entender esto, debemos tener en cuenta que un concentrador de tensiones es cualquier discontinuidad geométrica en el material, como por ejemplo un cambio brusco de sección, o la presencia de una discontinuidad planar, como puede serlo una fisura o una entalla severa, que tenga la propiedad de aumentar localmente las tensiones en su vértice. La **Fig. 3.16** muestra el efecto de concentración de tensiones producido por una fisura pasante en una chapa plana (izquierda arriba) y por la presencia de entallas en "V" en una placa (izquierda abajo). A la derecha puede verse la imagen de un ensayo fotoelástico que permite visualizar el efecto de concentración de tensiones producido por el cambio brusco de sección. Las flechas indican en todos los casos la dirección de la tensión aplicada. Vemos que el efecto de estas discontinuidades geométricas es aumentar localmente el valor de la tensión por encima del valor medio de la misma. Este aumento es muchas veces tan importante que genera una zona plástica alrededor del vértice de la discontinuidad. El aumento localizado de tensiones y deformaciones que producen tales concentradores no es intuitivamente obvio, y es por esta circunstancia que el fenómeno no fue reconocido por los ingenieros hasta fines del siglo XIX.

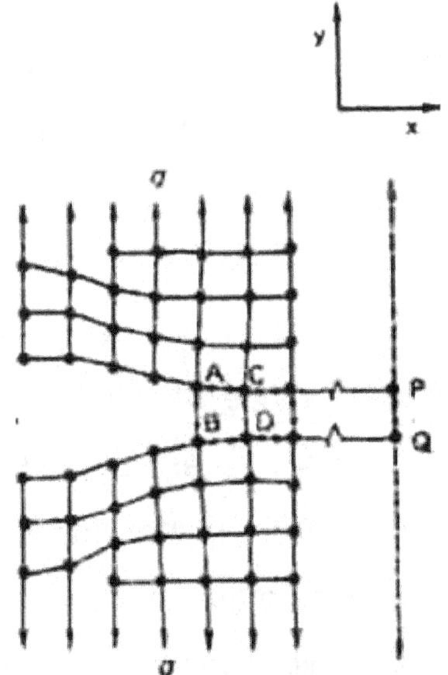

Fig. 3.17 – Efecto de la presencia de una fisura sobre la fractura de un cristal.

Si ahora consideramos una fisura presente en un cristal como se muestra en la **Fig. 3.17**, el efecto de concentración de tensiones que esta fisura produce hace que bajo una tensión de tracción uniforme σ, el enlace *AB* se estire más que el *CD* lo que resulta en un estiramiento de los enlaces *AC* y *BD*. De modo que la existencia de la fisura crea no sólo una elevada tensión en la dirección *y*, sino también una tensión de tracción en la dirección de *x*. Un razonamiento parecido nos conduce a la existencia de una tensión de tracción también en la dirección del espesor, es decir en la dirección perpendicular al plano de la figura. Siempre existe entonces un estado de triaxialidad de tensiones en el vértice de una fisura o entalla severa como se indica en la **Fig. 3.18**.

La experiencia ha demostrado que la fractura rápida de componentes estructurales está invariablemente asociada a la presencia de concentradores de tensión tales como fisuras, entallas severas, o cambios bruscos de sección. Esto puede explicarse teniendo en cuenta los dos efectos más importantes que produce la presencia de una entalla severa o una fisura cuando está sometida a un campo de tensiones uniforme σ: estos son el efecto de concentración de tensiones en las cercanías del vértice de la entalla o fisura y la triaxialidad de tensiones en esa misma región. Por un lado, es fácil ver que al estar el enlace atómico *AB* de la **Fig. 3.17** más solicitado en tracción que un enlace alejado del vértice tal como el *PQ*, la posibilidad de rotura de aquél enlace es mucho mayor que el de este último. De modo que al romperse el enlace *AB*, el vértice de la fisura se traslada al enlace *CD* por lo que el proceso se repite y la fisura se propaga a lo largo del cristal en ese plano de clivaje con mucha más facilidad que si tuviera que producirse el clivaje por rotura simultánea de todos los enlaces. Pero por otro lado, la existencia de un estado triaxial de tensiones en la adyacencia del vértice de la fisura o entalla hace que las tensiones de corte τ que podrían producir el deslizamiento de planos orientados aproximadamente a 45° de la tensión de tracción, y por lo tanto resultar en una fractura dúctil, se encuentran significativamente reducidas debido a la triaxialidad. Esto explica por qué la presencia de fisuras o entallas severas promueven la fractura frágil antes que la fractura dúctil.

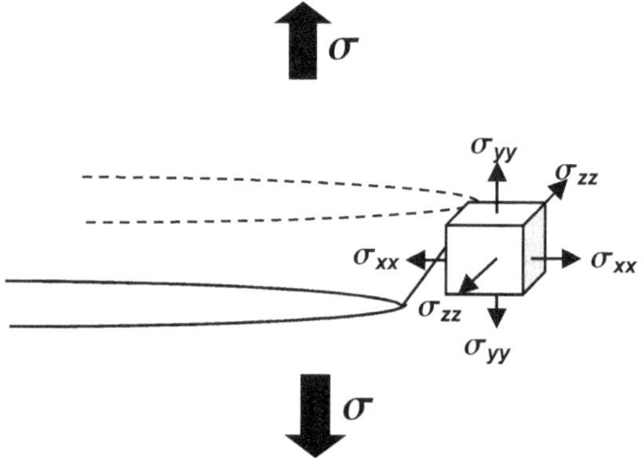

Fig. 3.18 – Triaxialidad de tensiones en la cercanía del vértice de una entalla severa o fisura

Hasta aquí hemos considerado la fractura frágil o por clivaje y la fractura dúctil de un cristal en un metal. Sin embargo, como ya hemos mencionado, los materiales metálicos estructurales son, con poquísimas excepciones, policristales, es decir agregados policristalinos constituidos por una multitud de pequeños cristales. Los conceptos anteriores son inmediatamente extrapolables a la rotura de los policristales. En efecto, al igual que en el caso de un cristal, la presencia de una fisura o entalla severa promoverá una fractura por clivaje en el cristal en que aquella se encuentre. Supongamos que tenemos una fisura como se muestra en la **Fig. 3.19** en un material policristalino sometido a una tensión uniforme σ. El efecto de concentración de tensiones que esta fisura produce en la región de su vértice y la correspondiente triaxialidad de tensiones promoverán el disparo de un clivaje en el grano o cristal en que este vértice se encuentra. Cuando el clivaje alcanza el borde de grano que lo separa de un cristal vecino, el vértice de la fisura se ha trasladado hasta ese punto y permite la reiniciación de un nuevo clivaje en el grano vecino. La orientación del plano de clivaje en este nuevo grano no coincidirá en general con la orientación del plano de clivaje del grano anterior pero se activará para el nuevo clivaje el plano de clivaje que tenga una orientación cercana al del anterior dado que como es obvio, el clivaje progresará con más facilidad en planos lo más perpendiculares posibles a la dirección de la tensión aplicada. De modo que la superficie de fractura se irá generando en una suerte de "zig-zag" como se muestra en la figura, pero mantendrá una orientación promedio esencialmente perpendicular a la tensión aplicada.

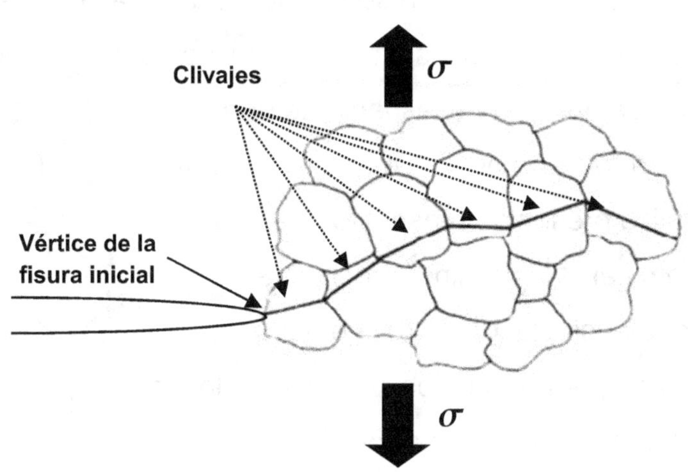

Fig. 3.19 - Clivaje en un policristal.

De manera que la superficie de una fractura frágil mostrará los planos de clivaje de los sucesivos granos cristalinos por los cuales la fractura progresó. Esto es lo que hace que el aspecto de una fractura frágil o por clivaje en un material metálico presente un aspecto que suele denominarse "cristalino" precisamente porque esos planos de clivaje actúan como pequeños espejos que reflejan la luz incidente sobre ellos. La **Fig. 3.20** nos muestra el aspecto típico de una superficie de fractura por clivaje de un material metálico policristalino, como se aprecia en un microscopio electrónico de barrido en la que pueden observarse las distintas facetas de clivaje.

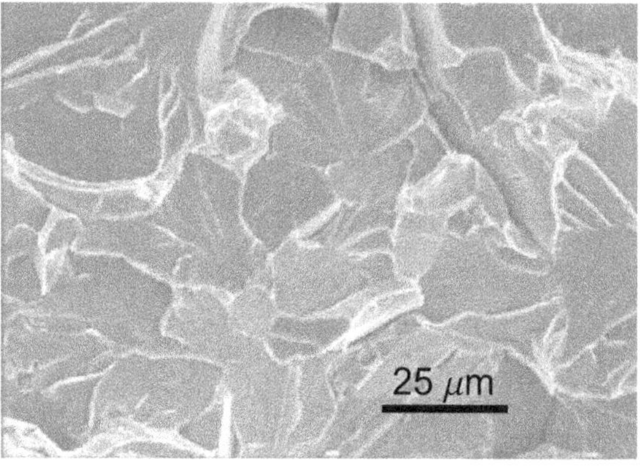

Fig. 3.20 – Aspecto de la fractura por clivaje de un acero al carbono visto en el microscopio electrónico de barrido (SEM). Pueden verse las distintas facetas de clivaje.

Si la fractura por clivaje no se produce pero en cambio tiene lugar una fractura dúctil, el mecanismo es el ilustrado en la **Fig. 3.21**. Sabemos que cuando se aplica una tensión de tracción σ, existirá en la región del material adyacente al vértice de la fisura un estado triaxial de tensiones como se indica en la figura. Ahora bien, todo material metálico tiene en mayor o menor medida una población de partículas no metálicas denominadas *inclusiones*. El tamaño y la distribución de estas inclusiones, que pueden ser oxidos, sulfuros, silicatos, etc., dependen del tipo de aleación que se

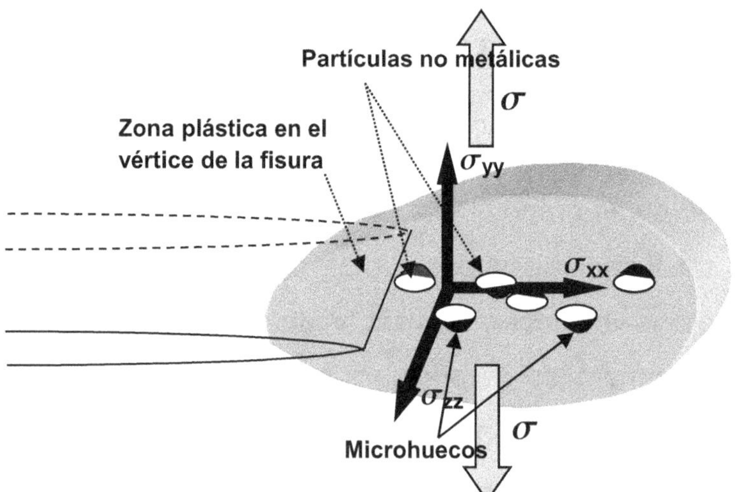

Fig. 3.21 – Formación de microhuecos por decohesión de la matriz metálica con las partículas no metálicas (inclusiones) del material en la región plastificada adyacente al vértice de la fisura.

trate y del procedimiento que se ha empleado en su fabricación. El estado triaxial de tensiones produce la expansión elástica del material adyacente al vértice de la fisura lo que resulta en la separación o decohesión de la matriz metálica con esas inclusiones no metálicas lo que genera pequeños huecos o microhuecos entre la matriz metálica y las partículas como se muestra esquemáticamente en la **Fig. 3.21**. Al incrementarse la tensión aplicada σ estos microhuecos se expanden hasta que se vinculan entre sí por la ruptura dúctil de los ligamentos que los separaban, lo que se traduce en el avance de la fisura. Este mecanismo de formación y colapso de microhuecos como responsable de un proceso de rotura dúctil, se ve convalidado por la observación microscópica de una superficie de fractura dúctil como se muestra en la **Fig. 3.22**, en la que se muestra el aspecto de tal superficie de fractura de un acero inoxidable austenítico tal como se la observa mediante un microscopio electrónico de barrido. En la figura pueden verse claramente los microhuecos y algunas de las inclusiones que les dieron origen.

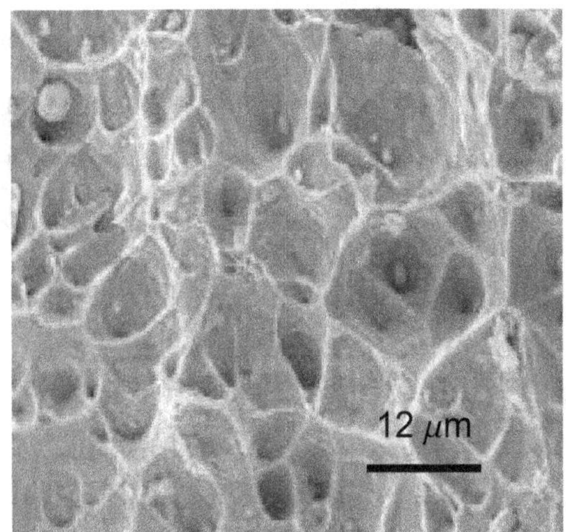

Fig. 3.22 – Formación y colapso de microhuecos en la fractura dúctil de un acero inoxidable austenítico visto en un microscopio electrónico de barrido (SEM). (*lms Vanderbilt.edu*)

Vemos entonces que mientras que en la fractura por clivaje la deformación plástica está prácticamente ausente, esta juega un rol protagónico en el proceso de fractura dúctil. Por esta razón, el consumo de energía mecánica asociado a una fractura dúctil es en general mucho mayor que el correspondiente a una fractura frágil o por clivaje. En otras palabras, para provocar una fractura dúctil es necesario en general efectuar un trabajo mucho mayor que el requerido por una fractura frágil. Dado que la energía necesaria para producir una fractura, frágil o dúctil, en un elemento estructural proviene de la energía de deformación elástica que dicho elemento tiene acumulada como consecuencia de los esfuerzos a los cuales está sometido, si el material del elemento estructural tiene habilitado el mecanismo de fractura frágil, esta podrá producirse con muy bajas cargas por el bajo requerimiento de energía que este tipo de fractura impone. De modo que una "regla de oro" para reducir el riesgo de una rotura catastrófica por fractura rápida de un elemento estructural, es tener inhibido de alguna manera el modo frágil de fractura. De esta manera, si bien la rotura dúctil sigue siendo posible, su ocurrencia es menos probable habida cuenta de la mayor energía necesaria para que se produzca, lo que la hace inviable si la energía de deformación disponible en el elemento estructural nos es suficiente para alimentar dicho proceso de rotura dúctil.

Un aspecto importante a tener en cuenta y al que ya hemos hecho referencia, es que la fractura frágil o por clivaje es siempre rápida, es decir la velocidad de avance del frente de la fisura en este tipo de fractura alcanza unos miles de metros por segundo. La fractura dúctil en cambio, puede ser estable, lo que implica que el avance del frente de rotura se detiene si las cargas son retiradas, o inestable en cuyo caso el proceso es de fractura dúctil rápida con velocidades de avance del orden de los centenares de metros por segundo. Esta modalidad en un proceso de fractura dúctil se produce bajo condiciones que tornan inestable a la zona plástica en el vértice de una entalla aguda o de una fisura. Hemos visto más arriba que el fenómeno de estricción en una probeta de un material metálico dúctil en un ensayo de tracción

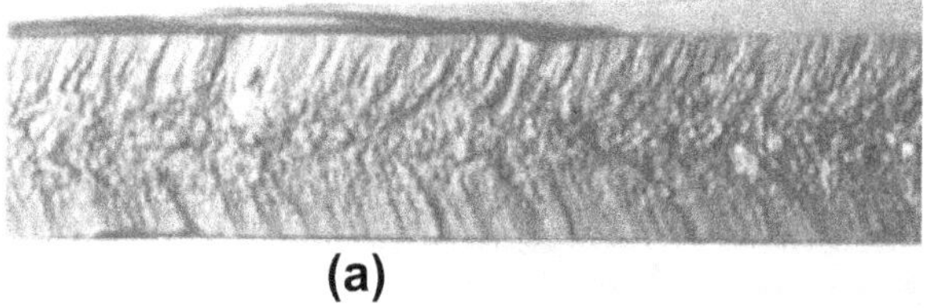

(a)

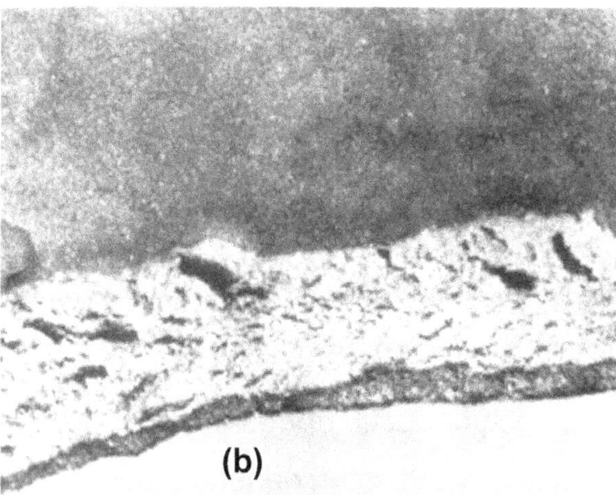

(b)

Fig. 3.23 – Aspectos macroscópicos típicos de una superficie de fractura frágil (a) y de una fractura dúctil (b).

es una condición de inestabilidad plástica que conduce rápidamente a la rotura de la probeta. Una situación de inestabilidad similar puede conducir a la propagación rápida de una fisura que progresará llevando consigo una zona plástica inestable en su vértice. La propagación de esta zona plástica dejará una huella o "estela" plástica a su paso con cierta analogía a la "estela" que deja una embarcación al avanzar en el agua. Es precisamente la formación y propagación de esta zona plástica lo que explica el alto consumo de energía que requiere un proceso de fractura dúctil.

Todo esto tiene un correlato macroscópico que se manifiesta en el aspecto de una superficie de fractura frágil ó dúctil. En la **Fig. 3.23 (a)** puede verse el aspecto que presenta típicamente una superficie de fractura frágil y en la parte **(b)** de la misma figura se observa el aspecto también típico de una superficie de fractura dúctil. Puede verse el patrón "*Chevron*" característico de una fractura frágil asociado a una baja deformación plástica en la superficie de fractura y en el que el vértice de la "V" se dirige siempre en dirección opuesta a la de propagación. En una fractura frágil la superficie de fractura es esencialmente perpendicular a las superficies de la chapa. El hecho que en una fractura frágil la orientación de la superficie de fractura sea esencialmente normal a la superficie de la pieza es debido a que como hemos visto, las tensiones que producen clivaje son las tensiones normales de tracción, y las tensiones de tracción máximas se encuentran normalmente en el plano de la chapa. En cambio, la fractura dúctil se caracteriza por su aspecto fibroso, lo que delata la gran deformación plástica que acompaña a este proceso, ausencia del patrón "Chevron" y una superficie de fractura oblicua con relación a las superficies de la chapa. Esto último se debe a que las tensiones que producen la formación plástica en el proceso de rotura dúctil son las tensiones tangenciales o de corte, y las tensiones de corte máximas se encuentran generalmente en planos a 45° de la superficie de la pieza.

3.4 ¿Cómo influye la temperatura en la rotura de un material?

De todo lo expuesto anteriormente surge que es muy importante conocer la "resistencia" que un material estructural presenta a la fractura frágil, ya que si el material tiene en condiciones de servicio habilitado este mecanismo de fractura, el riesgo de una rotura catastrófica es elevado. Pero la "resistencia" a la fractura frágil no la podemos evaluar como evaluamos la residencia de un material en un ensayo de tracción. Esto se debe a que dicha "resistencia" está dada no por la fuerza necesaria para producir la rotura del material sino por el trabajo o energía que es necesario poner en juego para producir una unidad de área de fractura. De modo que la "resistencia" a la fractura frágil que se denomina *tenacidad* debe medirse en unidades de trabajo o energía por unidad de área, es decir en $joule/m^2$ ($1J = 1N.m$) si nos atenemos al *sistema internacional de unidades SI*.

La experiencia nos enseña que hay materiales que siempre se comportan de manera frágil, es decir que cuando son solicitados por una fuerza lo suficientemente alta, se rompen de manera frágil. Estos son en general los cerámicos y los vidrios y es la razón por la cual son poco empleados como materiales estructurales a menos que integren materiales compuestos o en el caso de los cerámicos, que trabajen sometidos esencialmente a esfuerzos de compresión. Los plásticos en cambio, si bien pueden romper de manera dúctil, lo hacen en general con baja tenacidad, es decir con bajo consumo de energía, lo que tampoco los hace muy aptos para aplicaciones estructurales, particularmente a temperaturas moderadamente elevadas, aunque el desarrollo de nuevos materiales compuestos de mayor resistencia y tenacidad está cambiando esta situación.

Los metales puros y las aleaciones son sin duda los que presentan todavía el mayor atractivo para ser empleados como materiales estructurales en un amplio rango de temperaturas de servicio. Lamentablemente, muchos materiales metálicos utilizados con fines estructurales presentan un comportamiento frágil si la temperatura de servicio desciende por debajo de un cierto rango. Este rango se conoce como *rango de temperaturas de transición dúctil-frágil*. En efecto, algunas aleaciones, en particular del sistema cúbico centrado en el cuerpo, como por ejemplo los aceros al carbono, al carbono-manganeso y los aceros de baja aleación en general, presentan un comportamiento dual. Por encima del rango de temperaturas de transición dúctil-frágil su comportamiento a la fractura es dúctil presentando altos valores de tenacidad que puede estar en el orden de los centenares de joules por cm^2. En cambio, por debajo de dicho rango de temperaturas el comportamiento se torna frágil y la tenacidad se reduce en general a algunas decenas de joules por cm^2. Por el contrario, hay metales puros y aleaciones, fundamentalmente del sistema cúbico centrado en las caras, que o bien no presentan transición dúctil-frágil o si lo hacen, esta transición se encuentra a temperaturas mucho más bajas que las habituales de servicio para esos materiales por lo que su comportamiento en servicio es siempre dúctil. Es el caso del aluminio puro, aleaciones de aluminio o algunos aceros inoxidables como los

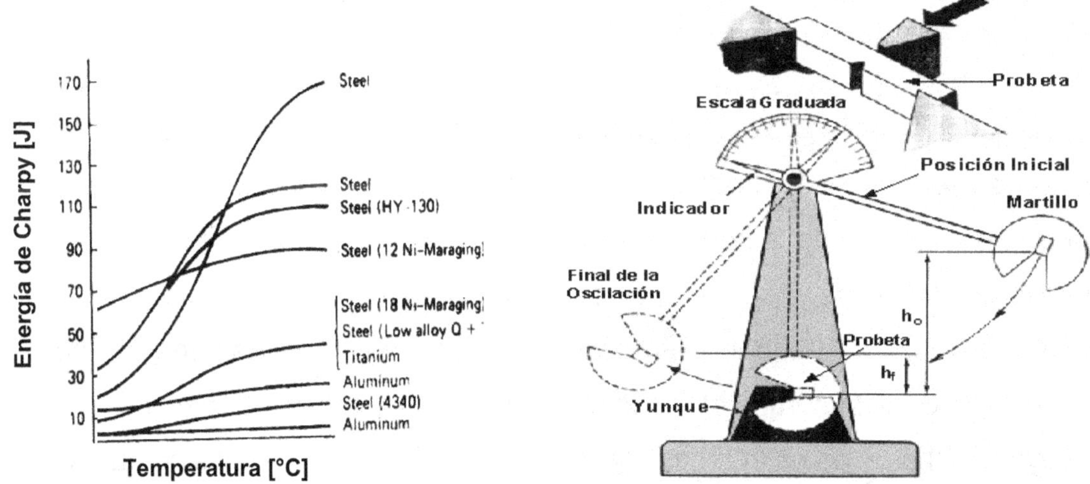

Fig. 3.24 – Péndulo de Charpy y la probeta empleada en el ensayo.

austeníticos. Por esta razón, estos materiales son generalmente seleccionados para servicios a temperaturas muy bajas.

Tengamos en cuenta que cuando nos referimos al término “tenacidad”, si bien muchos autores lo toman como la energía consumida hasta la rotura de una probeta en un ensayo de tracción, en el ámbito ingenieril es más frecuente referirse a aquél término como la energía consumida en la rotura por impacto de una probeta conteniendo una entalla más o menos severa. El ensayo más empleado para la medición de tenacidad es el ensayo *Charpy-V*, que consiste en la rotura por impacto de una probeta de dimensiones estandarizadas que contiene en su plano central una entalla en "V" también de geometría estandarizada. La **Fig. 3.24** muestra la máquina de ensayo Charpy y el aspecto de la probeta empleada. El ensayo de Charpy mide el trabajo necesario para producir la rotura de una probeta de un dado material. El trabajo realizado para romper la probeta se mide directamente por la diferencia de la energía potencial del martillo correspondiente a la diferencia de alturas entre la posición inicial del martillo, indicada como h_o en la figura y la altura que alcanza luego de la rotura de la probeta, indicada como h_f en la misma figura. Este valor de energía, que se lee directamente en la escala graduada de la máquina, constituye una medida de la resistencia que el material ofrece a la fractura rápida y como se ha indicado, puede depender fuertemente de la temperatura como se muestra a la izquierda de la misma figura.

Podría inferirse de lo expuesto que para eliminar el riego de fractura frágil en un componente estructural bastaría seleccionar para su construcción un material cuyo rango de temperaturas de transición dúctil-frágil medido en el ensayo de Charpy se encuentre por debajo de la temperatura mínima de servicio prevista para ese componente estructural. Lamentablemente, este recurso no funciona en general porque el rango de temperaturas de transición medido en un ensayo de Charpy no es una característica intrínseca del material sino que se incrementa con el espesor de la pieza hasta un espesor dado a partir del cual ese rango de temperaturas ya no varía con el espesor. En el caso de aceros estructurales por ejemplo, ese espesor puede estar en el orden de la decena de centímetros o aun más. De modo que el rango de temperaturas de transición medido en el ensayo de Charpy corresponde al espesor de la probeta utilizada que es 1 cm. Si el componente estructural posee un espesor mayor que 1 cm, la temperatura de transición dúctil-frágil en el componente será más elevada que la medida en el ensayo Charpy, por lo que puede fracturarse de manera frágil aunque su temperatura de servicio sea mayor que la de transición dúctil-frágil medida en el ensayo. No obstante, la energía de Charpy medida a determinada temperatura es en general el criterio utilizado para la selección de un material estructural. Esto es así porque existe la suficiente experiencia acumulada del comportamiento en servicio de distintos materiales estructurales con distintos espesores y a distintas temperaturas, particularmente aceros, como para permitir el uso de la tenacidad medida en un ensayo de Charpy a cierta temperatura, como referencia para garantizar un servicio seguro de ese material cuando es empleado con otro espesor y a una cierta temperatura de servicio.

3.5 Componentes críticos a la fractura: recipientes de presión.

La retención de fluidos a presión constituye siempre motivo de preocupación y análisis por parte de los ingenieros que deben diseñar y construir componentes destinados a tal fin. Para entender las razones de esta preocupación, consideremos en que consiste en esencia un recipiente de presión.

Llamamos *membrana* o *límite de presión* a una estructura que consiste básicamente en una envolvente, generalmente con geometría de revolución, es decir que posee un eje de simetría de rotación y dos cabezales de cierre en los extremos que pueden ser planos, semielípticos, semiesféricos o toroidales. Dado que contiene en su interior algún fluido a presión, este recipiente debe ser totalmente estanco para evitar pérdidas de fluido al exterior y debe estar provisto de las conexiones necesarias para su llenado y vaciado. Un ejemplo típico de recipiente de presión es el ilustrado en la **Fig. 3.25**.

Fig. 3.25 – Recipiente de presión.

Según el espesor de pared, los recipientes de presión pueden clasificarse en recipientes de presión de paredes delgadas o de paredes gruesas. Cuando se cumple aproximadamente que $t/R \geq 10$, donde t es el espesor de pared y R el radio del recipiente, se considera que se trata de un recipiente de paredes delgadas. Esto simplifica mucho el cálculo de las tensiones actuantes en el mismo, ya que se puede asumir que en este caso predomina una condición de *tensión plana*. Se entiende por condición de tensión plana la que existe en una chapa delgada en la que las tensiones sólo actúan en el plano de la chapa y es nula la tensión en el sentido del espesor. También se asume que la tensión que actúa en el plano de la chapa es constante sobre todo el espesor.

Aceptando que nos encontramos frente a una condición de tensión plana, el cálculo de las tensiones actuantes en las paredes del recipiente es muy sencillo. Efectivamente, consideremos una sección transversal del recipiente que supondremos cilíndrico, como se muestra en la **Fig. 3.26**. El recipiente está sometido a una presión interna p.

Ahora bien, imaginemos que ahora que reemplazamos la mitad inferior del recipiente por una tapa plana como se muestra en la misma figura manteniendo dentro del recipiente la misma presión inicial. La fuerza total que la presión ejercerá sobre la tapa plana será igual al producto de la presión interna por el área sobre la cual actúa esa presión, es decir

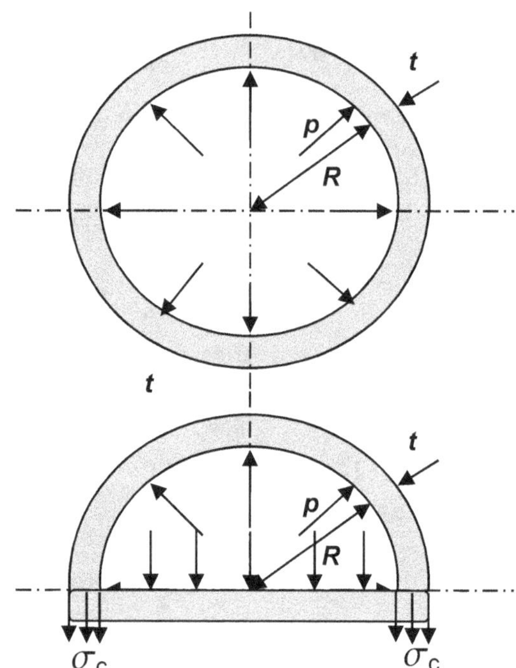

Fig. 3.26 – Recipiente con presión interna y reemplazo de su mitad inferior por una tapa plana manteniendo el equilibrio del sistema.

$$F = p2RL$$

donde L es la longitud del recipiente. De manera que para restaurar el equilibrio del sistema y equilibrar esta fuerza que tiende a separar la placa plana del cuerpo cilíndrico, este último debe generar una tensión interna *circunferencial* de tracción, cuyo valor debe ser

$$\sigma_c = \frac{F}{2tL} = \frac{p2LR}{2tL} = \frac{pR}{t} \qquad (3.8)$$

Si ahora consideramos el equilibrio de la fuerza que ejerce la presión sobre una tapa plana en la dirección longitudinal como se muestra en la **Fig. 3.27**, surge que este equilibrio requiere la generación de tensiones longitudinales internas de tracción, de valor dado por el cociente entre la fuerza $p\pi R^2$ que la presión ejerce sobre la tapa plana y el área $2\pi Rt$ sobre la cual actúan las tensiones, es decir

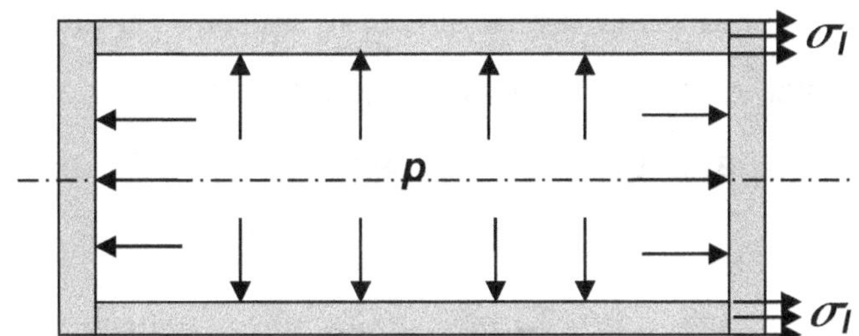

Fig. 3.27 – Equilibrio de la presión interna en el sentido longitudinal.

$$\sigma_l = \frac{p\pi R^2}{2\pi Rt} = \frac{pR}{2t} \qquad (3.9)$$

Las **(3.8)** y **(3.9)** son muy importantes porque constituyen las expresiones básicas para el diseño de recipientes de presión de paredes delgadas. Puede verse que la tensión que determinará el espesor del recipiente es la tensión circunferencial dada por la **(3.8)** dado que resulta el doble que la tensión longitudinal. En efecto, conocida la tensión admisible $\sigma_{Adm.}$ del material de construcción del recipiente a la temperatura de servicio, la presión de diseño $p_{Máx.}$

y el radio *R*, la **(3.8)** nos permite calcular el espesor mínimo que tiene que tener nuestro recipiente, es decir

$$t_{mín} = \frac{p_{Máx.}R}{\sigma_{Adm.}} \qquad \textbf{(3.10)}$$

Es interesante e ilustrativo considerar el caso de un recipiente esférico. Utilizando, la misma metodología anterior y refiriéndonos a la **Fig. 3.27** considerando ahora que el recipiente es una esfera en lugar de un cilindro, el mismo razonamiento hecho anteriormente nos lleva a que la tensión normal interna de tracción, será en este caso

$$\sigma_c = \frac{p\pi R^2}{2\pi Rt} = \frac{pR}{2t} \qquad \textbf{(3.11)}$$

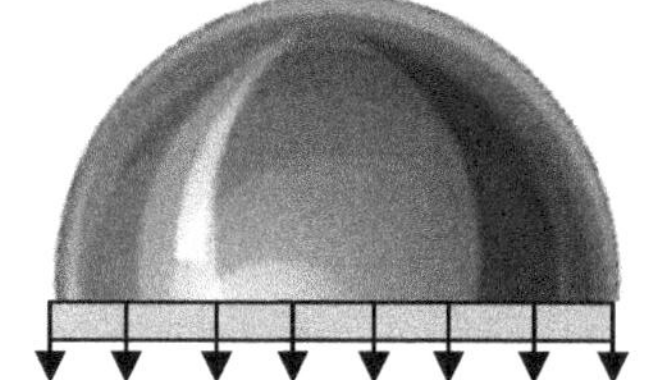

Fig. 3.27 – Esfera con presión interna y reemplazo de su mitad inferior por una tapa plana manteniendo el equilibrio del sistema.

Vemos que la tensión máxima en una esfera con presión interna es la mitad de la presión máxima en un cilindro. Esta es la razón por la cual la geometría esférica es utilizada frecuentemente en recipientes que deben contener fluidos a presiones muy elevadas.

De manera que el estado de tensiones de un elemento de volumen de un recipiente de presión de paredes delgadas es el que se muestra en la **Fig. 3.28**. Las únicas tensiones normales actuantes son las circunferenciales y las longitudinales, no habiendo tensiones en la dirección del

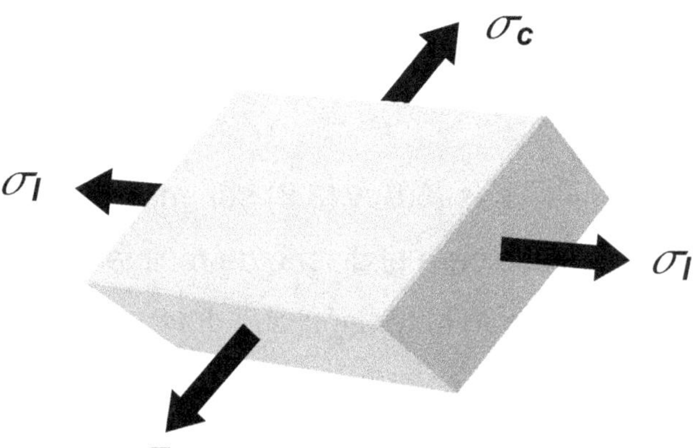

(3.28 – Estado de tensiones en un elemento de volumen de un recipiente de presión de paredes delgadas.

espesor, lo que justifica denominar a este estado de tensiones como *estado plano.*

De acuerdo a lo visto, el estado de tensiones es esencialmente uniforme en todo el recipiente. Es cierto que en las uniones del cuerpo cilíndrico con el casquete o la placa de cierre en los extremos el estado de tensiones será diferente y en general, las tensiones serán ahí más elevadas. Lo mismo cabe consignar para las zonas en las cuales se coloca una conexión u otro dispositivo, pero en general el estado de tensiones será en gran medida uniforme. Esto es lo que hace de un recipiente de presión un componente crítico a la fractura, ya que si por alguna razón, digamos a partir de la presencia de una fisura preexistente, se detona un proceso de fractura rápida, el vértice de la fisura en propagación verá frente a sí el mismo estado de tensiones, lo que hace muy improbable la detención del proceso de propagación hasta que se haya completado la destrucción total del recipiente. Esta es sin duda la razón por la cual, los criterios de inspección y ensayo de este tipo de componentes estructurales, están tan severamente reglamentados por los códigos de diseño y fabricación.

3.6 El problema fundamental de la Mecánica de Fractura.

Si bien mantener la temperatura mínima de servicio por encima de la de transición dúctil-frágil de un material que presente esta transición, como los aceros al carbono, carbono-manganeso y de baja aleación, constituye una forma eficaz de reducir el riesgo de fractura frágil y es el criterio que gobierna en general la selección de materiales estructurales, en particular si se prevén bajas temperaturas de servicio, esto no da respuesta a lo que podemos llamar el problema fundamental de la *Mecánica de Fractura*, que podemos expresar de la siguiente manera: Dado un elemento estructural de una geometría dada conteniendo una fisura de longitud *a*, y

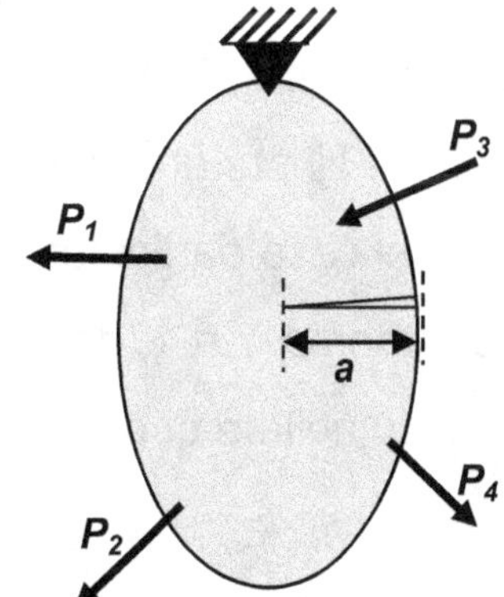

Fig. 3.25 – Cuerpo de geometría conocida conteniendo una fisura y sometido a un estado de cargas dado.

sometido a un estado de cargas también dado como se muestra esquemáticamente en la **Fig. 3.25**, predecir qué longitud de fisura $a_{crit.}$ la tornará inestable y dará origen a un proceso de fractura rápida. Ya hemos dicho que la energía necesaria para producir una fractura, frágil o dúctil, en un elemento estructural proviene de la energía de deformación elástica que dicho elemento tiene acumulada como consecuencia de los esfuerzos a los cuales está sometido. Si nos limitamos a analizar el caso de una fractura frágil, la condición para que se inicie la propagación de la fisura es que la *disminución* de energía elástica de deformación[4] en el cuerpo como consecuencia de la extensión de la fisura, digamos por unidad de longitud de extensión de la fisura y por unidad de espesor, sea igual o mayor a la energía necesaria para generar las nuevas superficies que se formarán como consecuencia de la extensión de la fisura, medida esa energía por unidad de área de fractura, es decir por unidad de longitud de extensión de la fisura y por unidad de espesor. Ahora bien, esta energía o trabajo de fractura puede ser determinado experimentalmente y lo denotaremos como $L_{Fract.}$ expresado en *Joule/m²*. Para un cuerpo sometido a una tensión de tracción uniforme σ la disminución de energía elástica de deformación por unidad de longitud de extensión de fisura y por unidad de espesor puede ser calculada como $Y(\text{geometría})\,\sigma^2\pi a / E$, donde E es el módulo elástico del material e Y(geometría) una función de ajuste que depende exclusivamente de la geometría del cuerpo fisurado. En el caso particular de una placa con fisura central pasante de longitud $2a$, puede tomarse $Y = 1$, de modo que la longitud crítica de fractura, se obtiene entonces al cumplirse que

$$\frac{\sigma^2 \pi a}{E} = L_{Fract.} \qquad \textbf{(3.8)}$$

[4] En rigor habría que hablar de *energía potencial* de deformación elástica, pero en ausencia de trabajo de fuerzas exteriores esta es igual a la energía de deformación por lo que ignoraremos la diferencia.

Alternativamente, la **(3.8)** puede utilizarse para calcular la tensión de tracción $\sigma_{crít.}$ para una dada longitud de fisura, es decir la tensión que es necesario aplicar para que una fisura de longitud *a* comience a propagarse. Es importante enfatizar que la **(3.8)** es válida únicamente cuando el material se encuentra a una temperatura por debajo de su transición dúctil-frágil, ya que de lo contrario, el comportamiento del material previo a la fractura deja de ser lineal elástico y el análisis que conduce a la **(3.8)** deja de ser válido. Es interesante y útil a la vez reportar algunos valores típicos de $L_{Fract.}$ Estos se muestran en la **Tabla 3.1** en la que también se reporta el módulo elástico *E* y la resistencia a la tracción ingenieril $\sigma_{Máx}$.

Material	$\sigma_{Máx}$ [MPa]	E [MPa]	$L_{Fract.}$ [*Joule/m*^{2}]
Acero al carbono	300-400	210000	10^5 - 10^6
Acero de alta resistencia	1000	210000	1000
Vidrio	170	70000	1 - 10
Poliester y resinas epoxy	50	2000	100
Nylon, polietileno	150 – 600	1400	1000
Hormigón	11-47	20500-39000	3 - 40
Hueso, dientes	200	21000	1000

Tabla 3.1

Armados con estos conceptos, comenzaremos a ver en el capítulo siguiente, como los ingenieros los han utilizado para el diseño y construcción de las más diversas estructuras.

Referencias

3.1 J.F.Shackelford, *Introduction to Materials Science for Engineers*. 3a. Ed. MacMillan Inc., USA, 1992. (Existe traducción al Español).

3.2 L.H.Van Vlack, *Elements of Materials Science and Engineering*. 6a. Ed. Addison-Wesley, Reading, Mass, 1989. (Existe edición anterior en Español).

3.3 C.R.Barret; W.D.Nix; A.S.Tetelman, *The Principles of Engineering Materials*. Prentice-Hall Inc., N.J., 1973.

3.4 W.D.Callister, Jr., *Materials Science and Engineering: an Introduction*. 3a. Ed. John Wiley & Sons, N.Y., 1985. (Existe traducción al Español).

3.5 J.E. Gordon "*Structures: or why things don't fall down*" Da,Capo Press, U.K., 1978.

3.6 J.E. Gordon "*The new science of strong materials: or why you don't fall through the floor*" 2a. Ed., Princeton University Press, NJ, 1988.

4 Porque no se caen (¡en general!) las estructuras que construimos.

4.1 Poniendo las fuerzas de compresión a trabajar.

En el capítulo anterior hemos visto como se comporta un material estructural, sea este un metal, un cerámico o un polímero, cuando lo sometemos a un esfuerzo de tracción. Allí vimos que mientras los cerámicos, al igual que los vidrios, se rompen de manera frágil, es decir sin exhibir deformación plástica antes de la rotura, los metales y los polímeros pueden en cambio presentar deformaciones plásticas importantes antes de alcanzar la fractura. Esta es una característica deseable en tales materiales ya que como sabemos, la deformación plástica que se produce previamente a la rotura en estos materiales consume una cantidad importante de energía, esto implica que para romper un metal o un polímero debemos en general gastar más energía mecánica que para fracturar un cerámico o un vidrio, lo que hace a aquellos materiales más apropiados en general para aplicaciones estructurales.

Hemos sin embargo visto también que algunos metales pueden fracturar de manera frágil asemejando su comportamien

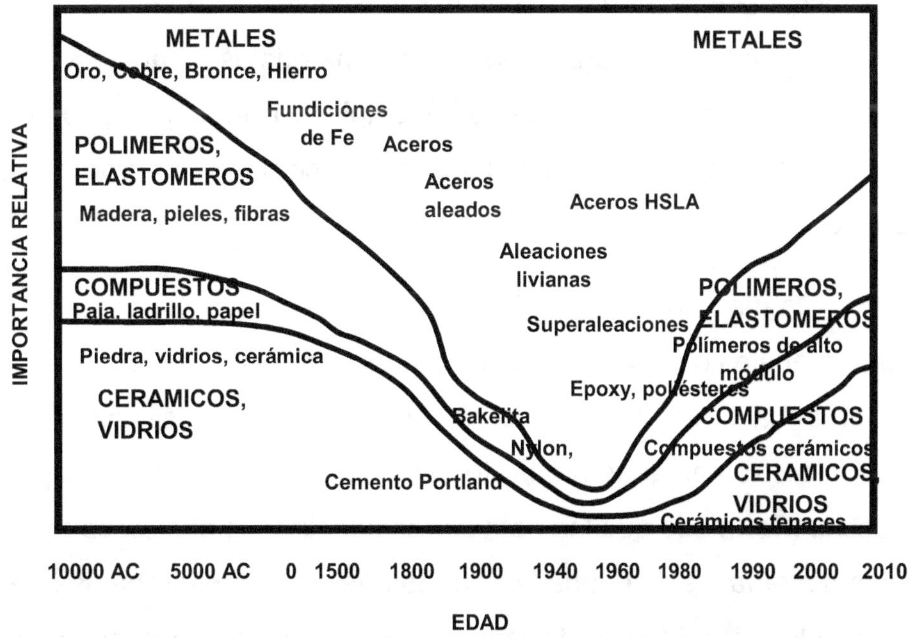

Fig. 4.1 - Utilización relativa hecha por el hombre de los materiales a través del tiempo, desde la prehistoria hasta nuestros días.

to al de un vidrio o un cerámico, si la temperatura es suficientemente baja, pudiendo en tal caso alcanzar la rotura con la aplicación de cargas muy bajas. Por este motivo, una consideración básica en el diseño de componentes estructurales metálicos, es que su mínima temperatura de servicio no se encuentre por debajo del rango de temperaturas de transición dúctil-frágil del metal empleado.

Ahora bien, hasta que nuestra civilización occidental no contó con una producción abundante de acero, lo que ocurrió a partir de la revolución industrial que se inició en Inglaterra hacia la segunda mitad del siglo XVIII, los materiales disponibles para la construcción de estructuras eran básicamente la piedra, en sus diversas variantes, la madera, y el ladrillo cocido hecho en base a arcilla, tierra calcárea y arena. Esta mezcla, una vez sometida a un cocido en horno forma un cerámico. En este sentido, es interesante e instructivo ver como el uso de los distintos materiales por el hombre fue cambiando a través del tiempo hasta la actualidad. La **Fig. 4.1** nos muestra en forma aproximada tal evolución. Los metales alcanzan un máximo de utilización relativa hacia los años ´60. A partir de esa fecha, comienza a disminuir el uso relativo de los metales en beneficio, una vez más, de los polímeros, cerámicos y materiales compuestos. Sin embargo estos materiales, a diferencia de los empleados en la prehistoria y en la antigüedad, son en general transformados por distintos procesos antes de ser empleados.

De manera que no debe sorprendernos que hasta mediados del siglo XVIII los materiales de construcción dominantes eran la piedra, el ladrillo cocido y la madera. La piedra, y en menor medida el ladrillo, por ser ambos de naturaleza cerámica, son en general resistentes a la compresión pero muy frágiles en tracción. De modo que las estructuras construidas hasta esa fecha mayormente en *mampostería*, se diseñaban de modo que sus partes trabajasen a la compresión y no a la tracción. Mampostería es un término un tanto genérico para designar el tipo de construcción que emplea distintos tipos de piedra o ladrillo cocido unidos con algún tipo de mortero o cemento. La debilidad de este tipo de unión es otra de las razones por las cuales estas estructuras debían trabajar en compresión.

La piedra y el ladrillo tienen un peso específico aproximado de unos 2000 kg/m^3 (Aprox. 20000 N/m^3) y su resistencia a la compresión puede estar por encima de los 40 MPa (40 x 10^6 N/m^2). Esto significa que una torre de mampostería de sección constante alcanzaría una presión capaz de romper el material en la base recién cuando alcanzase una altura de 2000 m! Sin embargo, los edificios más altos en la actualidad están en el orden de los 500 m de altura no obstante estar construidos con estructuras mixtas de acero y hormigón. Las construcciones antiguas hechas en mampostería tenían una altura mucho más modesta aún. La Gran Pirámide y las catedrales más altas alcanzan unos 150 m y la mayoría de las otras construcciones eran más bajas aún. La razón de esto es que no es la resistencia a la compresión de la mampostería lo que limita la construcción de estructuras de gran altura. La limitación surge del riesgo de derrumbe debido a cargas laterales como el viento o movimientos sísmicos. Tengamos en cuenta que la carga debida al viento en cada una de las hoy desaparecidas torres gemelas del World Trade Center de Nueva York estaba calculada en 5000 toneladas con un peso del edificio de 500.000 toneladas!

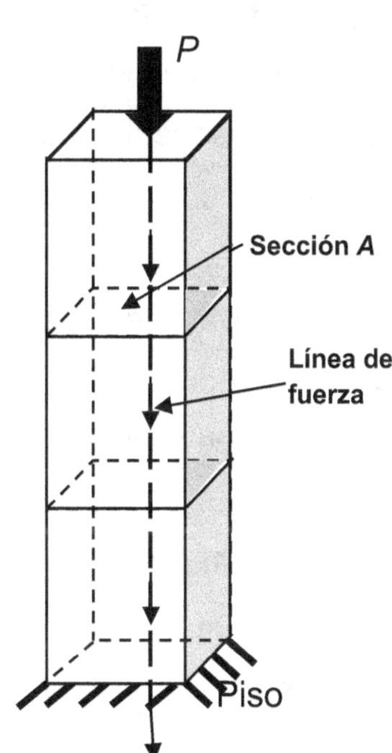

Fig. 4.2 – Línea de fuerza en una estructura compuesta sujeta a cargas de compresión

Para ilustrar las limitaciones a que está sujeta una estructura de mampostería en la que sólo se admiten cargas de compresión, consideremos la **Fig. 4.2** que nos muestra una tal estructura consistente en 3 bloques de mampostería apilados verticalmente. Para que tanto los bloques como las uniones entre ellos trabajen en compresión, es necesario que la carga se encuentre aplicada aproximadamente en el centro de la sección transversal como se muestra en la figura. Esta fuerza produce una tensión media $\sigma = P/A$ donde A es el área de la sección transversal del apilamiento. Podemos aquí introducir el concepto de *línea de fuerza* o *línea de carga* como un recurso gráfico útil para visualizar la forma en que un esfuerzo se transmite a través de una estructura. La línea de fuerza es simplemente la curva que es tangente en cada punto al vector que representa la fuerza resultante de las tensiones que actúan en la sección que corresponde a ese punto. En nuestro ejemplo la línea de fuerza sigue una trayectoria vertical hasta descargar sobre el piso. De todos modos, no debemos perder de vista que el vector fuerza que es tangente a la línea de fuerza en cada punto, es en realidad una fuerza que definimos equivalente a las fuerzas que producen las tensiones que se encuentran distribuidas sobre toda la sección. En la **Fig. 4.2** hemos indicado esquemáticamente la línea de fuerza que nos permite visualizar cómo con la fuerza P aplicada aproximadamente en el centro de la sección transversal, todos los elementos de la estructura así como las juntas entre elementos, están sujetos a una compresión más o menos uniforme.

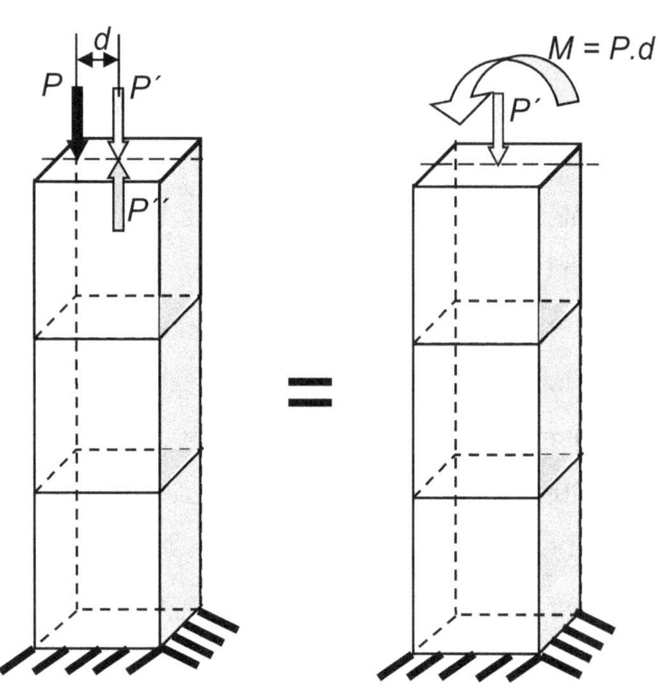

Fig. 4.3 – Fuerza de compresión aplicada excéntricamente.

Si por el contrario, la fuerza P es aplicada en forma excéntrica como se muestra en la **Fig. 4.3**, podemos analizar el efecto de esta excentricidad en la carga aplicando dos fuerzas iguales a P pero opuestas entre sí en el centro de la sección A como se muestra. Ahora bien, agregar dos fuerzas iguales y opuestas

P´= - P´´en un punto no modifica en nada el estado de cargas de la pieza ya que ambas fuerzas se cancelan entre sí. Sin embargo, podemos ahora considerar el sistema de cargas como constituido por una fuerza *P´* localizada en el centro de la sección y dos fuerzas *P* y *P´´* que constituyen una *cupla* o *par* de fuerzas que produce un momento *M* = *P.d* con el sentido que se indica en la parte derecha de la **Fig. 4.3**. De manera que lo que hemos hecho es reemplazar el apilamiento de bloques sometido a una carga excéntrica por otro apilamiento idéntico pero sujeto a una carga central más una cupla que produce un *momento flexor* sobre la estructura.

Ahora bien, ya hemos visto que en la medida que las deformaciones sean pequeñas, el comportamiento de un material es esencialmente elástico y por lo tanto las tensiones son proporcionales a las deformaciones unitarias. Esta no es otra cosa que la expresión de la ley de Hooke, pero fue Thomas Young quien

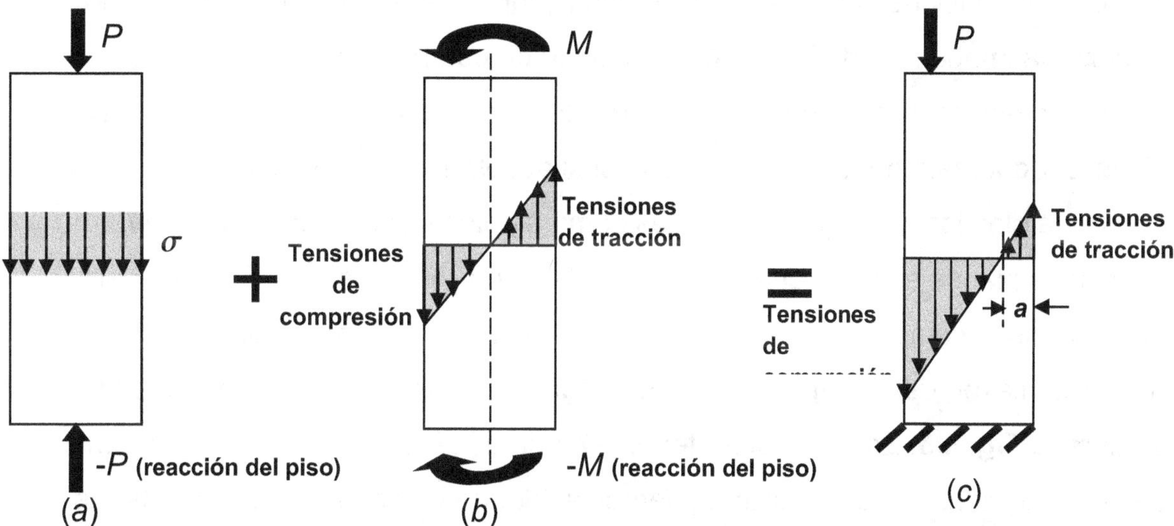

Fig. 4.4 – Composición lineal de la acción de una carga central de compresión y un momento flexor.

hacia fines del siglo XVIII la aplicó por primera vez a los materiales de mampostería. Esto violenta una poco nuestro sentido común, ya que nos cuesta imaginar que un ladrillo o una piedra se deforman bajo la acción de una fuerza. Sin embargo, la realidad es que el Módulo de Young de estos materiales es relativamente bajo, por lo que pueden deformarse significativamente bajo carga antes de romperse. Volviendo entonces a nuestra pila de bloques sujetos a una carga de compresión central y un momento flexor, analicemos el efecto combinado de ambas solicitaciones haciendo una superposición lineal de ambos efectos como se muestra en la **Fig. 4.4**. En esta figura hemos considerado para simplificar, un único bloque sujeto a una carga excéntrica como se indica en la parte (*c*) de la figura. Hemos visto que podemos descomponer esta configuración de cargas como la suma de una carga central más la acción de una cupla como también se muestra en las partes (*a*) y (*b*) de la figura. Las tensiones resultantes de la carga centrada están representadas en (*a*) y son de valor uniforme $\sigma = P/A$ sobre toda la sección. En cambio, las tensiones debidas al momento flexor *M* varían linealmente como lo muestra la imagen (*b*) de la **Fig. 4.4**, pasando de compresión a tracción cuando nos movemos del borde izquierdo al borde derecho del bloque. Es bastante fácil visualizar que esto necesariamente es así si aceptamos que el material se comporta elásticamente y si asumimos como hipótesis simplificadora que las secciones planas se mantienen planas cuando se aplica la carga. Efectivamente, si a una pieza como puede ser un bloque de mampostería le aplicamos un momento flexor, este momento tenderá a curvar el material en la forma que lo sugiere la **Fig. 4.5**. Es decir, el material cercano a la cara convexa (cara superior) se verá traccionado ya que si imaginamos el bloque como un conjunto de fibras longitudinales, las fibras que se encuentran sobre o cerca de la cara superior, para acompañar la curvatura impuesta por el momento flexor deberán adoptar una

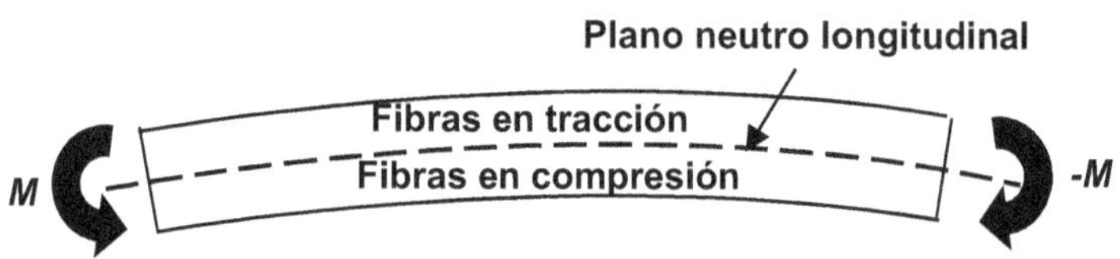

Fig. 4.5 – Bloque prismático sometido a un momento flexor.

longitud mayor que la que tenían inicialmente antes de la aplicación de este momento flexor. Por el contrario las fibras de la región inferior cercana a la cara cóncava se deberán acortar bajo la acción del momento. De modo que existirá un plano longitudinal central en donde las deformaciones pasan de tracción a compresión, es decir habrá un plano en el que la fibras ni se alargan ni se acortan. Este se denomina *plano neutro longitudinal*. Puede demostrarse que bajo la hipótesis adoptada en el sentido que las secciones planas se mantienen planas luego de la deformación, las deformaciones específicas longitudinales de tracción o de compresión de una fibra son proporcionales a la distancia de la fibra al plano neutro. En otras palabras, las deformaciones varían linealmente con la distancia a dicho plano. Dado que en un material elástico, las tensiones son proporcionales a las deformaciones unitarias o específicas, surge inmediatamente la distribución de tensiones mostradas en (*b*) de la **Fig. 4.4**.

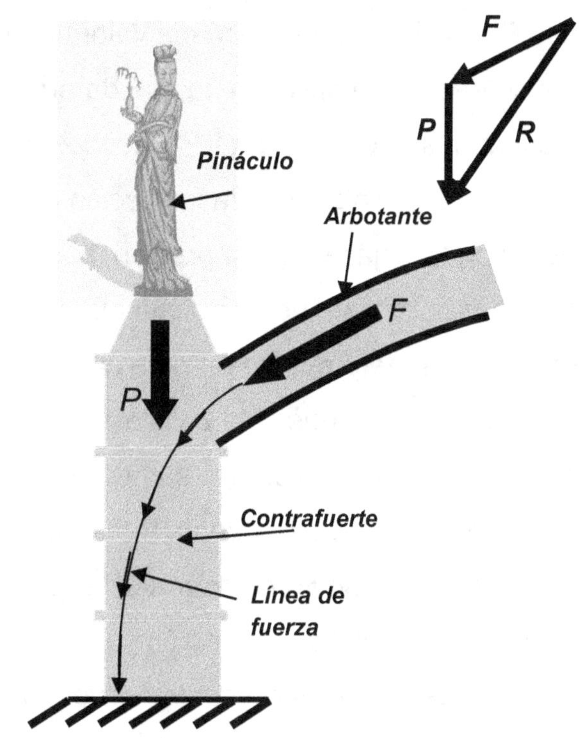

Fig. 4.6 – Compensación de una carga lateral mediante una carga vertical.

Volviendo entonces a esta figura, vemos que la superposición de los perfiles de tensión debidos a la carga central más el del momento flexor, resulta en un perfil lineal de tensiones como el indicado en la parte (*c*) de la figura, donde ahora puede aparecer una región sometida a tensiones de tracción.

Hasta donde penetra esta región en tracción, indicada como de longitud *a* en la **Fig. 4.4** (*c*), dependerá del valor de la carga *P*, y de la excentricidad con que ésta se encuentre aplicada lo que determina el valor del momento flexor. Observemos que si la carga *P* fuese lo suficientemente elevada frente al momento flexor, sería posible evitar la formación de una región en tracción y lograr que toda la sección trabajase en compresión, aunque esta no sería uniforme en toda la sección. Ahora bien, hemos dicho que la mampostería en general y podemos agregar el mortero que se emplea en las uniones, tienen baja resistencia a la tracción. De modo que si la zona en tracción es pequeña comparada con la sección transversal total, a lo sumo podrá producirse una fisura que no comprometerá la estabilidad de la estructura. En cambio, si la carga tiene una fuerte excentricidad como ocurre en el caso del pilar ilustrado en la **Fig. 4.6**, que representa un detalle arquitectónico clásico en iglesias y catedrales medievales, consistentes en un pilar o *contrafuerte*, con un *pináculo* encima que modifica el esfuerzo *F* transmitido por el *arbotante* y que proviene de la bóveda central del templo o catedral. Es fácil ver que el peso *P* del pináculo, al componerse con la fuerza *F*, tiende a reducir la excentricidad de la carga y a orientar las líneas de fuerza hacia el piso contribuyendo así a que las secciones del pilar trabajen en compresión y por lo tanto a la estabilidad de la estructura. Tengamos en cuenta que la composición de las fuerzas *P* y *F* debe hacerse *vectorialmente*, es decir que la resultante *R* de ambas es la diagonal del paralelogramo formado por las dos primeras como se muestra arriba y a la izquierda de la figura. A medida

Fig. 4.7 – Estructura de soporte por arbotantes (http://commons.wikimedia.org/wiki/File:Gotic3d2.jpg)

que consideremos puntos del pilar más cercanos al piso, aumenta el peso del material que queda por encima y por lo tanto se incrementa la componente vertical que se compone con *F*, de modo que la línea de fuerza va adoptando la trayectoria indicada en la figura. Esta es la razón principal por la cual estos elementos aparecen en la mayoría de las construcciones medievales como se muestra esquemáticamente en la **Fig. 4.7**. Tengamos en cuenta que si la carga aportada por el peso del pináculo y del contrafuerte no fuese lo suficientemente elevada, la línea de fuerza puede salir fuera de este último lo que dada la incapacidad de la mampostería para soportar esfuerzos de tracción, se traduciría en la pérdida de la estabilidad con el consiguiente colapso estructural. De modo que un precepto básico para la estabilidad de una estructura de mampostería que tiene que trabajar en compresión, es que la línea de fuerza debe mantenerse *dentro* de la misma.

Es sin duda un tributo a la ingeniosidad y oficio de los constructores medievales, que sin conocimiento científico alguno del comportamiento mecánico de los materiales, hayan logrado erigir las estructuras que aún hoy son motivo de admiración y asombro.

Otro ejemplo importante de estructura diseñada para que todos sus elementos trabajen en compresión es el llamado *arco romano*. Como puede verse en la **Fig. 4.8**, este está concebido y construido de manera que todos sus elementos se autoestabilicen. De este modo, el arco recoge las cargas verticales y las convierte en cargas de compresión laterales que se propagan por el arco hasta descargar en los pilares y en la estructura lateral. Los elementos estructurales del arco son las *dovelas*, traducción al español del término *voussoir* , que tienen una forma ligeramente trapezoidal

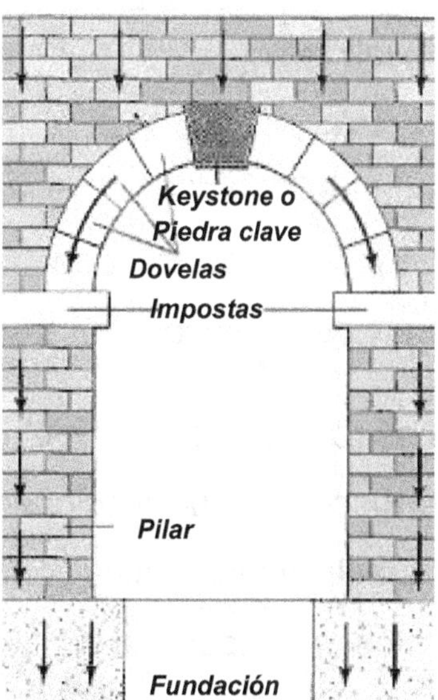

Fig. 4.8 – Arco romano.

para que se acuñen entre sí. La llamada *keystone* o *piedra clave* en la coronación del arco, cumple la misma función que las dovelas aunque generalmente difiere de estas más por razones estéticas que funcionales. Es interesante destacar que una de las razones por la cuales una arco es una estructura notablemente estable, es porque un arco requiere no menos de cuatro puntos de articulación para colapsar. Efectivamente, si consideramos el arco de la **Fig. 4.9**, vemos inmediatamente que la formación de un cuarto punto de articulación produce el colapso estructural. Mientras lo puntos de articulación no sean más de tres, el arco es una estructura perfectamente estable, lo que justifica que el empleo del llamado *arco de tres articulaciones* sea tan utilizado en la actualidad para soportar estructuras de dimensiones medias como techos de grandes galpones y de otras construcciones.

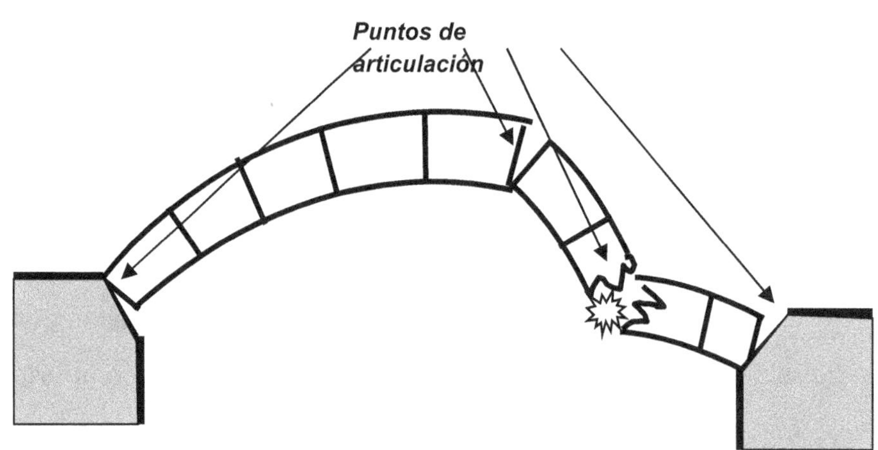

Fig. 4.9 – Colapso de un arco por la formación de un cuarto punto de articulación.

Los romanos tomaron el concepto de arco de los etruscos y lo perfeccionaron utilizándolo en múltiples aplicaciones tales como puentes y acueductos, algunos de ellos aún en funcionamiento. En la Europa medieval, el arco romano, esencialmente semicircular, evolucionó hacia el *arco gótico* o *arco ojival*, posiblemente tomado de la cultura islámica. Por la forma en que el arco ojival transmite las cargas al piso, resulta más resistente que el romano por lo que lo podemos encontrar en una cantidad de iglesias y

Fig. 4.10 – Bóveda ojival

catedrales de la época, en muchos casos conformando lo que se conoce como *bóveda ojival*, como se muestra en la fotografía de la **Fig. 4.10**.

Otro ejemplo importante de estructura de mampostería en compresión en la cual el peso de la misma es determinante para garantizar su estabilidad, es la constituida por un *dique* o *presa* como se muestra en la **Fig. 4.11**. Nuevamente en este caso, debe cumplirse el requerimiento que la línea de fuerza se mantenga dentro del volumen ocupado por la presa, aún cuando esta se encuentra con el máximo nivel de líquido. Un principio general en este sentido, para evitar que una estructura de mampostería que debe trabajar en compresión, desarrolle zonas de tracción que la pueden comprometer, es la llamada *regla de un tercio*, que dice que la línea de fuerza debe mantenerse dentro del tercio medio de la sección de la estructura. Es precisamente esta regla la que justifica la forma característica de los diques o presas de mampostería[5].

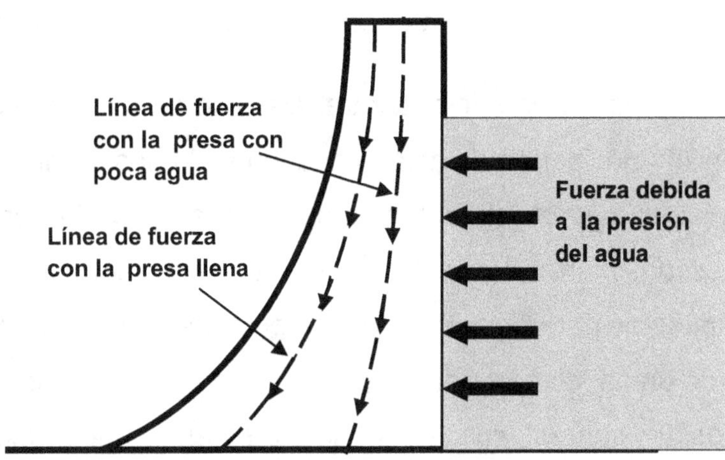

Fig. 4.11 – Líneas de fuerza en una presa o dique con distintos niveles de llenado.

4.2 Poniendo también a las fuerzas de tracción a trabajar.

Como hemos mencionado más arriba, la revolución industrial, que tuvo lugar en Inglaterra a partir de la segunda mitad del siglo XVIII, permitió contar con una provisión lo suficientemente abundante de acero y fundiciones de hierro como

(5) Es importante destacar que hasta aquí, cuando hablamos de "mampostería", nos hemos referido a mampostería no reforzada, por ejemplo con varillas de acero lo que le confiere al conjunto resistencia a la tracción. De manera que estamos asumiendo que las estructuras de mampostería consideradas hasta aquí sólo ofrecen residencia a la compresión.

para emplear a estos materiales en la construcción de estructuras. Con esto se contó con materiales que no sólo podían trabajar en compresión sino también, y esto fue lo más importante, en tracción, lo que trajo un cambio en los conceptos de diseño vigentes hasta esa época, ya que estos estaban limitados por la necesidad de hacer trabajar a los elementos estructurales esencialmente en compresión.

La posibilidad de hacer trabajar ahora un elemento estructural en tracción permitió una libertad de diseño desconocida hasta entonces y las estructuras más simples que aprovechaban esta nueva posibilidad fueron las *estructuras reticuladas planas*. Las estructuras reticuladas son básicamente estructuras compuestas por *barras* o *bielas* conectadas entre sí mediante articulaciones u otro tipo de unión, como soldadura, roblonado o remachado, en puntos denominados *nudos*. En general, pueden considerarse en forma aproximada a los nudos como articulaciones ideales sin rozamiento. Como estas articulaciones no pueden transmitir esfuerzos de flexión, las barras están sometidas exclusivamente a esfuerzos de tracción o compresión, lo que permite transferir o soportar cargas en forma mucho más eficiente que una estructura construida únicamente en mampostería en la que sólo son admisibles tensiones de compresión. La **Fig. 4.12** nos muestra un ejemplo simple de tales estructuras reticuladas planas.

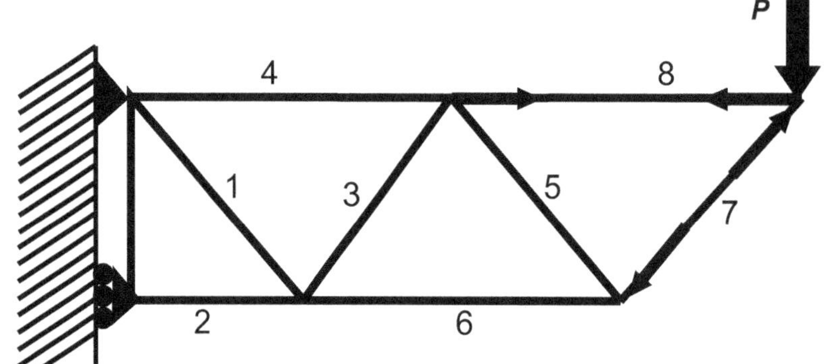

Fig. 4.12 – Estructura plana reticulada simple que permite soportar una carga *P* aplicada en su extremo.

Esta figura nos permite establecer algunas características de este tipo de estructuras. En primer lugar, observemos que el elemento estructural básico de este tipo de reticulados es el *triángulo de barras*. Efectivamente, si construimos un triángulo con tres barras rígidas unidas entre sí por articulaciones, tendremos un elemento estructural de geometría indeformable[6] que se comporta como lo haría una *chapa*, entendiendo por "chapa" un elemento estructural plano de forma arbitraria, de espesor despreciable y totalmente rígido. Mediante el agregado de otros elementos triangulares podemos construir una estructura rígida como la que se muestra en la figura. Ahora bien, la carga *P* es soportada por la reacción de las barras 7 y 8 que concurren al punto de aplicación de la carga *P*. De modo que las fuerzas que estas barras producen deben equilibrar dicha carga. Por lo tanto la suma vectorial de la carga *P* y de las fuerzas transmitidas por las barras 7 y 8 debe ser nula lo que implica que el polígono representativo de dichas fuerzas debe ser cerrado como lo muestra la **Fig. 4.13**.

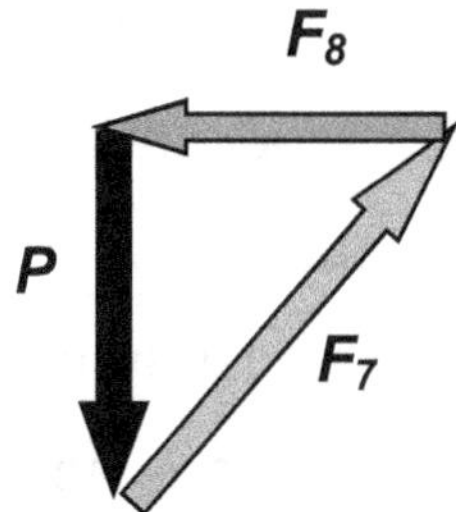

Fig. 4.13 – Descomposición de la fuerza ***P*** en dos componentes equilibrantes en las direcciones de las barras 7 y 8 de la **Fig. 4.12**.

Esta descomposición justifica inmediatamente el sentido de las fuerzas en las barras 7 y 8 asignados en la **Fig. 4.12**. Efectivamente, mientras la barra 8 "tira" del punto de aplicación de *P* y por lo tanto está trabajando en tracción, la barra 7 "empuja" hacia el punto de aplicación de *P*, lo que nos dice que esta barra está trabajando en compresión. Podemos a

Fig. 4.14 – Reticulado espacial de barras (*G.R.Liu, S.S.Quek "Finite Element Method"*).

(6) Aquí estamos ignorando las posibles deformaciones elásticas que pueden producirse en las barras del triángulo.

continuación equilibrar la fuerza que ejerce la barra 7, que ahora es conocida, con las que ejercen las barras 5 y 6 y así sucesivamente hasta tener calculados todos los esfuerzos en todas las barras. Dado que siempre es posible descomponer una fuerza en dos direcciones dadas mediante la aplicación de la regla del paralelogramo, la secuencia de cálculo debe ser elegida de forma tal que a un dado nudo no concurran más de dos barras con esfuerzos desconocidos. El método "gráfico" que acabamos de ilustrar muy sucintamente para la resolución de sistemas reticulados planos ha caído hoy en desuso y en su lugar se emplean métodos analíticos ó analítico-numéricos que son más eficientes y aptos para ser implementados en una computadora digital. Aquí hemos empleado el método gráfico simplemente para ilustrar de qué modo pueden resolverse los esfuerzos en un tal reticulado. Los programas computacionales son una herramienta invalorable, por no decir imprescindible, cuando se trata de resolver sistemas reticulados, ya no planos sino espaciales, que pueden adquirir una complejidad notable como se ilustra en la **Fig. 4.14**.

4.3 Poniendo los esfuerzos de corte a trabajar (o las ventajas de utilizar una viga).

Las consideraciones hechas anteriormente nos permiten concluir que la utilización de reticulados permite soportar y transmitir cargas utilizando estructuras más livianas que con elementos de mampostería y habilitan una libertad de diseño que las estructuras de mampostería no permite. Sin embargo, esas estructuras reticuladas poseen como principal limitación que las cargas deben ser aplicadas en los nudos del reticulado, ya que las barras no están concebidas para soportar esfuerzos transversales a su eje longitudinal. De aquí surge la conveniencia de contar con un elemento estructural, que a diferencia de una barra, que sólo admite esfuerzos de tracción o compresión, pueda también resistir esfuerzos transversales a su longitud. Estos esfuerzos se denominan *de corte* y tal elemento, que además de transmitir esfuerzos de corte, admite esfuerzos de tracción y compresión, constituye lo que se denomina *viga*. De modo que podemos definir como viga a un elemento estructural que tiene como dimensión dominante su longitud, siendo sus dimensiones transversales pequeñas con respecto a la longitud, pero no despreciables, y que admite cargas transversales a su longitud y esfuerzos longitudinales de tracción y compresión como se muestra esquemáticamente en la **Fig. 4.15**.

Aquí es conveniente hacer alguna aclaración sobre el uso de los *sistemas de apoyo* o *de soporte* de la viga utilizados en la **Fig. 4.15** y que ya habíamos empleado con el reticulado plano de la **Fig. 4.12**. El apoyo representado en el extremo inferior izquierdo de la viga, indicado por un triángulo, representa una *articulación* o *apoyo fijo* que asumimos solidario con una fundación rígida. Este tipo de apoyo sólo puede producir una fuerza de reacción que pase por el punto de articulación que asumimos situado en el vértice superior del triángulo. La fuerza de reacción puede tener cualquier dirección aunque en la mayoría de los casos es una fuerza vertical.

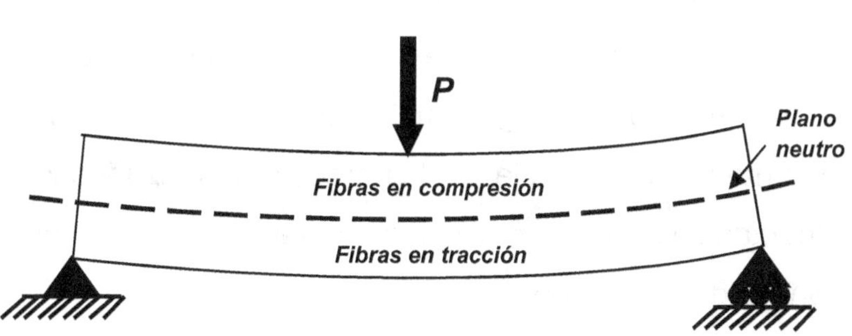

Fig. 4.15 – Esquema de una viga simplemente apoyada con una carga central.

Por ser una articulación, este apoyo no puede producir un momento o par de reacción. El apoyo en el extremo inferior derecho de la viga, indicado por un triángulo sobre rodillos, es un *apoyo móvil*, es decir es una articulación pero que puede desplazarse libremente sobre la fundación en la dirección permitida por los

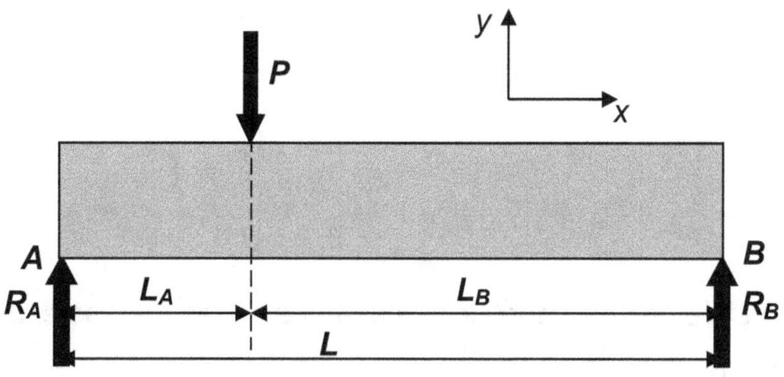

Fig. 4.16 (a) – Esquema de una viga simplemente apoyada con una carga concentrada no central.

rodillos. En este caso, la fuerza de reacción que puede oponer el apoyo móvil a las cargas transmitidas por la viga, sólo puede tener la dirección normal a la del desplazamiento del apoyo, ya que este tipo de apoyo no puede generar reacciones con componentes horizontales dado que en tal caso se desplazaría. Una viga soportada por un apoyo móvil y otro fijo como lo muestra la **Fig. 4.15**, de denomina *viga simplemente apoyada*. Observemos que en una viga simplemente apoyada es siempre posible calcular las fuerzas de reacción en los apoyos empleando las ecuaciones que nos dan las *condiciones de equilibrio de la estática*, es decir la de *equilibrio de fuerzas* y de *equilibrio de momentos*. Para ver como se emplean estas ecuaciones en un caso sencillo, consideremos la **Fig. 4.16 (a)** en la que tenemos una viga simplemente apoyada con una carga concentrada ***P*** en un punto arbitrario. En la figura hemos reemplazados los apoyos en *A* y en *B* por las fuerzas de reacción que estos oponen a las cargas que les impone la viga y que son las que queremos calcular.

La ecuación de la estática de equilibrio de fuerzas nos dice que la *suma vectorial* de todas las fuerzas exteriores actuando sobre la viga debe ser igual a cero. Ahora bien, como ésta es una ecuación vectorial, podemos tomar un sistema de ejes coordenados cartesianos ortogonales *x* e *y* como se muestra en la figura, siendo *y* el eje vertical y *x* el eje horizontal. Utilizando este sistema de ejes podemos expresar la condición de equilibrio de fuerzas en función de las componentes F_x y F_y de las fuerzas según los ejes *x* e *y*, como

$$\sum_i F_x^{\,i} = 0 \qquad \sum_i F_y^{\,i} = 0 \tag{4.1}$$

donde el índice *i* identifica a cada una de las fuerzas exteriores. En nuestro caso, resulta

$$F_x^{\,P} = 0;\ F_x^{\,A} = 0;\ F_x^{\,B} = 0 \qquad F_y^{\,P} = P;\ F_y^{\,A} = R_A;\ F_y^{\,B} = R_B \tag{4.2}$$

dado que todas las fuerzas actúan únicamente según la dirección *y*. De manera que por aplicación de la **(4.1)**, resulta

$$\begin{aligned} P + R_A + R_B = 0 \\ P = -(R_A + R_B) \end{aligned} \tag{4.3}$$

La **(4.3)** es una ecuación con dos incógnitas R_A y R_B por lo que necesitamos otra ecuación para poder resolver el problema. Esta ecuación es la de la estática de equilibrio de momentos. Esta ecuación nos dice que en un sistema de fuerzas en equilibrio, la suma de los momentos que producen con respecto a *cualquier punto* debe anularse, es decir

$$\sum_i M_o^i = 0 \tag{4.4}$$

en la que el subíndice *o* representa el punto respecto del cual se toman los momentos de las fuerzas. De modo que tomando momentos respecto del punto *A*, y asignando signo positivo a los momentos con sentido contrario a las agujas de un reloj, tenemos que

$$\begin{aligned} R_A.0 - P.L_A + R_B.L = 0 \\ R_B = P\frac{L_A}{L} \end{aligned} \tag{4.5}$$

Introduciendo este valor de R_B en la **(4.3)**, obtenemos las dos fuerzas de reacción en los apoyos.

Cuando como en este ejemplo, el sistema de apoyos de la viga permite calcular mediante las ecuaciones de la estática las reacciones en aquellos, se dice que el sistema está *estáticamente determinado*. Esto no siempre es así y en tal caso decimos que el sistema se encuentra *estáticamente indeterminado*. Si bien no los consideraremos, la teoría de los sistemas estáticamente indeterminados es de gran importancia en el cálculo de estructuras.

Observemos que en una viga estáticamente determinada, siempre podemos calcular el *momento flexor M* y el *esfuerzo de corte Q* que actúan sobre cada sección transversal.

Refiriéndonos a la **Fig. 4.16 (b)** que reproduce la viga de la **Fig. 4.16 (a)**, vemos que en una sección genérica *XX*, las fuerzas situadas a la izquierda de dicha sección producirán sobre ésta un momento $R_A.x$, dado que R_A es en nuestro caso la única fuerza actuando a la izquierda de la sección *XX* y *x* es la distancia desde la recta de acción de la fuerza a la sección considerada[7] . En la sección en la que actúa la carga concentrada *P*,

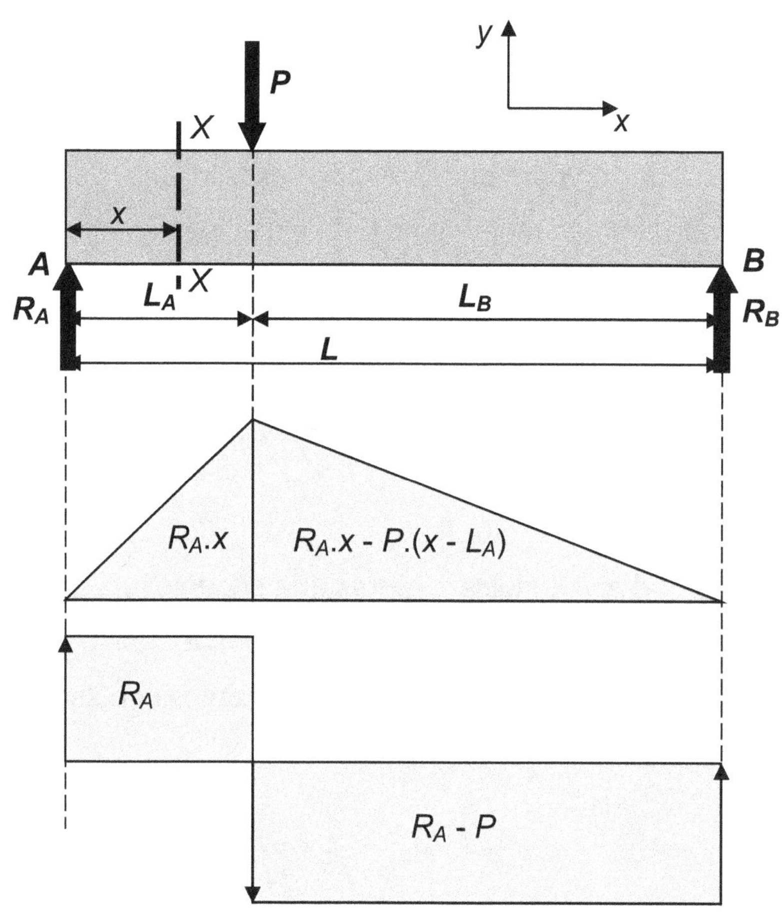

Fig. 4.16 (b) – Diagrama de momentos flexores de las fuerzas y de los esfuerzos de corte actuando sobre una viga simplemente apoyada con una carga concentrada no central.

es $x = L_A$ de manera que el momento en dicha sección será $R_A.\ L_A$. Para las secciones tales que $x > L_A$, el momento resultante de las fuerzas a la izquierda

(7) Obsérvese que le asignamos signo positivo apartándonos de la convención adoptada para los signos de los momentos, es decir el momento es positivo cuando tiene un sentido contrario al de las agujas de un reloj. Veremos más abajo la razón de esta diferente convención.

será $R_A.x$ - $P.(x - L_A)$ dado que en estas secciones habrá una contribución $P.(x - L_A)$ al momento de signo opuesto al momento que produce R_A.

El equilibrio de la viga exige que el momento resultante de las fuerzas a uno y otro lado de cada sección sean del mismo valor absoluto pero de signo opuesto, de modo que si hubiésemos comenzado el cálculo a partir del extremo derecho y considerado las fuerzas a la derecha de cada sección, habríamos obtenido el mismo diagrama de momentos pero de signo opuesto. De manera que el diagrama de momentos debe anularse tanto en el extremo izquierdo como en el derecho ya que de haber comenzado el cálculo por la derecha el momento en ese punto debido a la fuerza R_B es nulo.

Para simplificar la asignación del signo a los momentos de las fuerzas que actúan a uno y otro lado de una dada sección, se adopta la convención que el momento de las fuerzas, sean a uno u otro lado de una sección es positivo o negativo según tiendan a producir en la sección considerada las deformaciones como se indica en la **Fig. 4.17**. Según esta convención, los momentos que produce R_A sobre una sección genérica *XX* serían positivos, mientras que los que produce *P* serían negativos. Con esta convención, los momentos a uno y otro lado de una sección cualquiera tienen el mismo signo, lo que viola el requerimiento de equilibrio de momentos en cada sección. No obstante, es convencional definir el momento flexor en una sección como el momento resultante de las fuerzas indistintamente a uno u otro lado de la sección

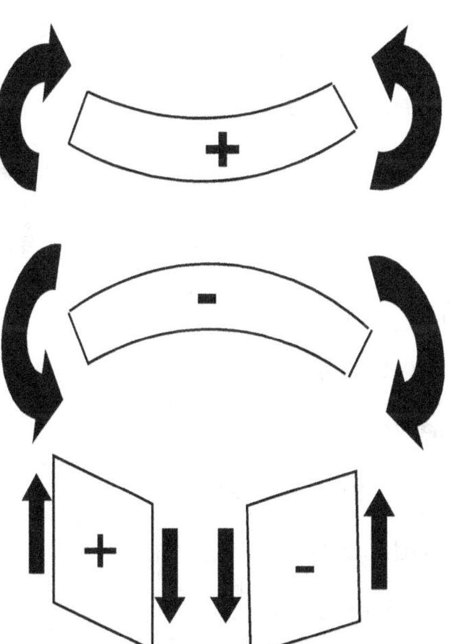

Fig. 4.17 – Convención de signos para los momentos flexores y los esfuerzos de corte según la deformación que tiendan a producir sobre una dada sección.

con el signo que corresponde según esta convención.

En forma análoga, se define el esfuerzo de corte en una sección cualquiera como la resultante de las fuerzas que actúan indistintamente a uno u otro lado de la sección considerada, asignándole a este esfuerzo de corte el signo que se desprende de la convención indicada en la parte inferior de la **Fig. 4.17**. Según esta convención, el signo del esfuerzo de corte en una sección es el mismo si consideramos las fuerzas a la izquierda o a la derecha de la misma, lo que nuevamente viola el requerimiento de equilibrio que nos impone que la resultante de las fuerza a un lado de la sección debe tener el mismo valor absoluto pero de signo opuesto a la resultante de las fuerzas del otro lado de la sección. El diagrama de momentos flexores y esfuerzos de corte representado en la **Fig. 4.16** se ha hecho respetando esta convención de signos.

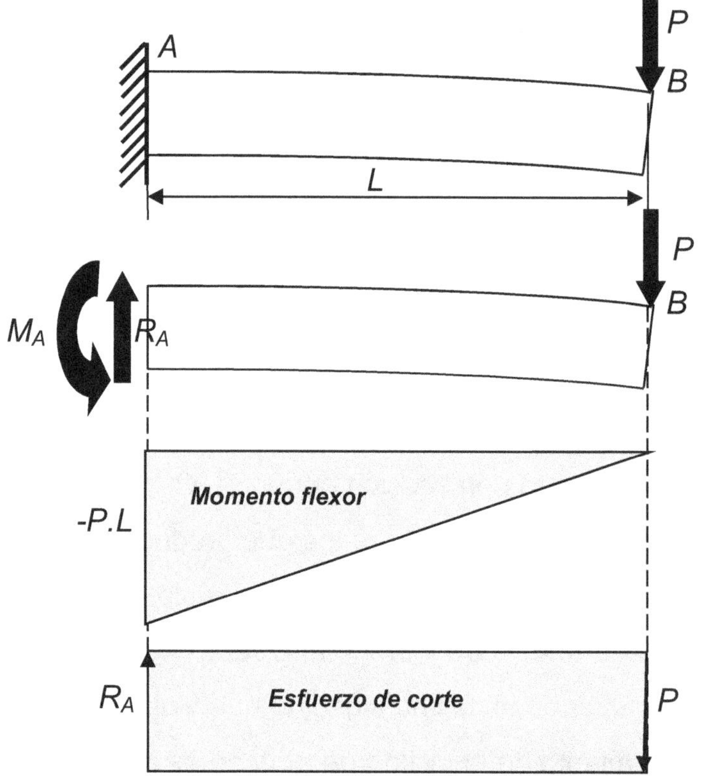

Fig. 4.18 – Diagrama de momentos flexores y de esfuerzos de corte para una viga empotrada con una carga en su extremo.

Si bien en la **Fig. 4.16** hemos considerado el diagrama de momento flexores y de esfuerzos de corte para una viga simplemente apoyada con una carga concentrada. La forma de cálculo no cambia cuando tenemos otras formas de fijación de la viga y otros modos de carga. En este sentido, otro ejemplo importante es el de una viga empotrada en un extremo con una carga en el otro extremo como se indica en la **Fig. 4.18**. En la misma figura hemos reemplazado el empotramiento por sus reacciones, es decir por un momento de empotramiento M_A que equilibra el producido en esa sección por la carga P y por una reacción vertical R_A que equilibra el esfuerzo de corte producido por la misma carga.

Estamos aquí nuevamente frente a una situación estáticamente determinada. En efecto, dado que sólo tenemos fuerzas que actúan en la dirección vertical, la única ecuación de equilibrio de fuerzas que necesitamos es la de la segunda línea de la **(4.2)**, por lo que surge inmediatamente

$$R_A = -P$$

Por otra parte, la ecuación **(4.4)** de equilibrio de momentos nos dice que tomando momentos respecto del punto A, obtenemos

$$M_A - P.L = 0$$

de modo que

$$M_A = P.L$$

Observemos que en el diagrama de momentos flexores hemos puesto que el momento flexor en A es $-P.L$ en lugar de $P.L$ porque hemos adherido a la convención de signos de los momentos flexores detallado en la **Fig. 4.17**. Vemos que la variación del momento flexor

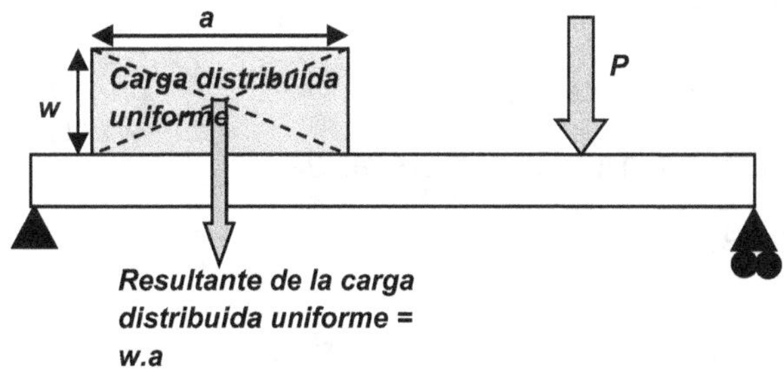

Fig. 4.19 – Viga simplemente apoyada con una carga distribuida uniforme y una carga concentrada.

sobre la viga debe variar linealmente hasta anularse en el extremo B como es fácil comprobar si se comienza a tomar los momentos por el extremo derecho, mientras que el diagrama de esfuerzos de corte es constante sobre toda la longitud de la viga.

Si bien hemos considerado sólo casos en los que la carga aplicada es única y concentrada en un punto, los conceptos vistos pueden generalizarse inmediatamente a situaciones de un mayor número de cargas concentradas o cargas distribuidas. Una *carga distribuida* queda determinada por su valor dado por unidad de longitud de viga, por ejemplo en Newton/metro (N/m). Si se trata de una carga distribuida uniforme, es decir de igual valor en todos los puntos en que se encuentra aplicada, la resultante será el producto de su valor por la longitud sobre la cual actúa y esta resultante estará aplicada en el punto medio de dicha longitud como se muestra en la **Fig. 4.19** en la que se ve una carga concentrada además de la distribuida. De manera que a los fines de calcular las reacciones en los apoyos, una carga distribuida se reemplaza por una carga concentrada equivalente y se trata como tal. Calculadas las fuerzas de reacción en los apoyos, la construcción del diagrama de momentos flexores y de esfuerzos de corte se realiza de acuerdo a la definición dada anteriormente para momento flexor y esfuerzo de corte. A título de ejemplo, la **Fig. 4.20** muestra tales diagramas para una viga simplemente apoyada sometida a una carga distribuida uniforme.

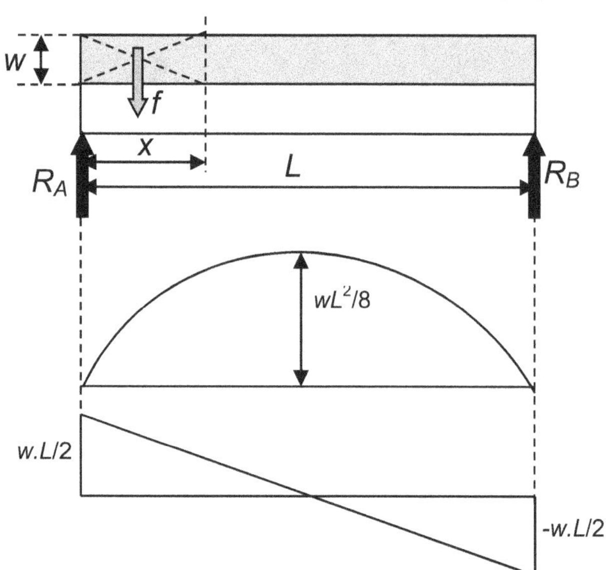

Fig. 4.20 – Diagrama de momentos flexores y de esfuerzos de corte para una viga simplemente apoyada sujeta a una carga distribuida uniforme.

Para una sección genérica ubicada a una distancia *x* del extremo izquierdo, el momento flexor será

$$M_x = R_A.x - f.\frac{x}{2} = R_A.x - w.x.\frac{x}{2} =$$

$$= R_A.x - \frac{w.x^2}{2}$$

Como la carga distribuida es uniforme, resulta $R_A = R_B = w.L/2$ de modo que nos queda

$$M_x = \frac{w.L}{2}x - f.\frac{x}{2} = \frac{w.L}{2}x - w.x.\frac{x}{2} =$$
$$= \frac{w.L}{2}x - \frac{w.x^2}{2}$$

Es fácil ver que el momento flexor máximo estará aplicado en la sección media, es decir para $x = L/2$, con un valor

$$M_{Máx} = \frac{w.L}{2}\frac{L}{2} - \frac{w.\left(\frac{L}{2}\right)^2}{2} = \frac{x.L^2}{8}$$

El esfuerzo de corte en una sección genérica a una distancia x del extremo izquierdo, será

$$Q_x = R_A - w.x = \frac{w.L}{2} - w.x$$

por lo que resulta la distribución de esfuerzos de corte indicada en la figura.

4.4 ¿Cómo se relacionan los esfuerzos de corte con los momentos flexores y la carga distribuida aplicada?

Hemos visto que la ventaja de emplear una viga en una estructura se debe a que este elemento estructural puede transferir no sólo fuerzas de tracción y de compresión longitudinales sino también esfuerzos de corte transversales. A veces, los esfuerzos de corte en una viga están ausentes y sólo actúan sobre ella momentos flexores. Cuando se produce esta situación, se dice que la viga se encuentra sometida a *flexión pura*. Podemos materializar una situación de flexión pura en la forma que se muestra en la **Fig. 4.21** en la que vemos una viga simplemente apoyada cargadas simétricamente con relación a ambos extremos..

En efecto, para una sección genérica localizada a una distancia $x > a$ del extremo izquierdo, el momento flexor será

$$P.x - P(x - a) = P.a$$

es decir, el momento flexor es constante sobre la longitud de la viga comprendida entre las cargas aplicadas. En esa región, el esfuerzo de corte es nulo como es fácil de comprobar, lo que nos dice que esa porción de viga está sometida a un estado e flexión pura.

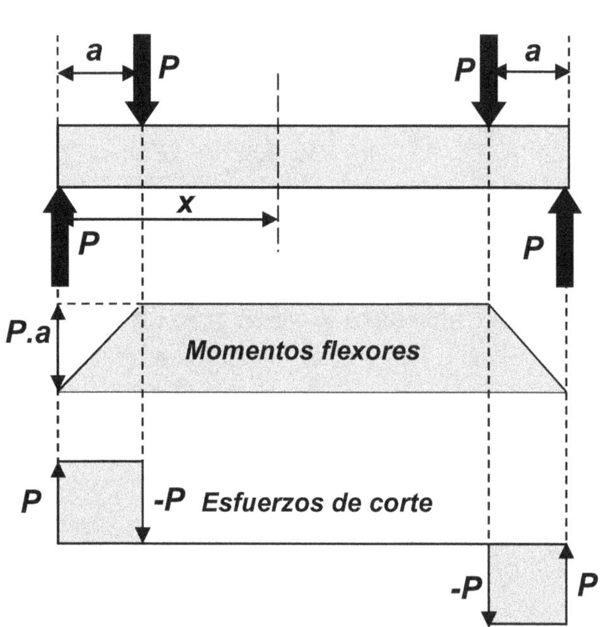

Fig. 4.21 – Viga sometida a flexión pura en la región comprendida entre las cargas aplicadas.

Vemos entonces que sobre la longitud de la viga en la que el esfuerzo de corte es nulo, el momento flexor se mantiene constante. Nos preguntamos ahora si ésta es una relación que se cumple siempre independientemente de cómo la viga se encuentre apoyada y de qué manera se encuentre cargada. Podemos demostrar que esto es efectivamente así analizando el equilibrio de una porción de longitud muy pequeña de viga, porción tan pequeña que la podemos considerar de longitud infinitesimal bajo la acción de una carga distribuida, los momentos flexores y los esfuerzos de corte.

La demostración puede encontrarse en el **Apéndice B.1** y el resultado de la misma es que efectivamente si sobre una porción de una viga el momento flexor se mantiene constante, el esfuerzo de corte es nulo, lo que implica una condición de flexión pura sobre esa longitud de viga.

4.5 ¿Cómo se distribuyen las tensiones en una viga?

Consideraremos en los que sigue dos casos de solicitación: *Flexión Pura* que ya hemos definido anteriormente y que se presenta cuando la porción de viga considerada está sometida solamente a un momento flexor, y *Flexión Compuesta*, que corresponde al caso de una porción de viga sujeta simultáneamente a momento flexor y esfuerzo de corte. Para analizar como se distribuyen las tensiones en cada sección transversal de una viga en ambas situaciones, adoptaremos algunas hipótesis que permiten simplificar tal análisis, pero que en la mayoría de los casos no afectan significativamente los resultados obtenidos en comparación con un tratamiento más exacto pero sin duda mucho más dificultoso.

Las hipótesis que adoptaremos y que dan sustento a lo que se conoce como *teoría ingenieril de vigas*, son las siguientes:

i) La viga es concebida como un manojo de fibras. Esta concepción para una viga ya la hemos empleado anteriormente y de ella surge inmediatamente la existencia de lo que hemos llamado *Superficie Neutra* correspondiente a la posición de las fibras que no están sujetas ni a tracción ni a compresión. La intersección de la superficie neutra con el plano vertical de simetría longitudinal de la viga determina al *Eje Neutro Longitudinal*. La intersección de la superficie neutra con el plano de la sección da origen al *Eje Neutro Transversal*.

ii) Secciones planas antes de la deformación permanecen planas después de la misma.

iii) El material obedece la Ley de Hooke, es decir asumimos que la viga se comporta dentro del régimen elástico.

a) Flexión pura

Consideremos una porción de viga sometida a un momento flexor *M*, como se muestra en la **Fig. 4.22**. Bajo la acción de este momento flexor la porción de viga considerada adoptará una cierta curvatura.

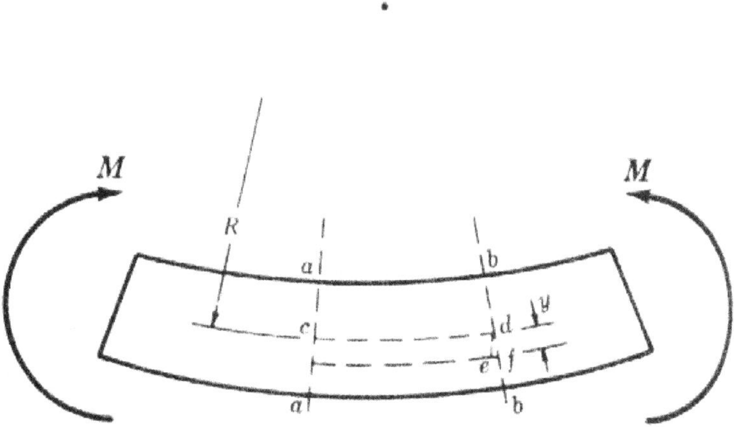

Fig. 4.22 – Porción de viga sometida a flexión pura.

Si *O* representa el centro de curvatura y *R* el radio de curvatura, siendo *CD* el eje neutro longitudinal, teniendo en cuenta la semejanza de los triángulos *def* y *ocd*, podemos escribir

$$\varepsilon = \frac{ef}{cd} = \frac{y}{R}$$

y por la ley de Hooke

$$\sigma = E\varepsilon = \frac{Ey}{R} \qquad \textbf{(4.6)}$$

La **(4.6)** es muy importante porque nos dice que en una viga sometida a flexión, las tensiones normales actuantes sobre una fibra son proporcionales a la distancia de la fibra al eje neutro. En el **Apéndice B.2** se encuentra la demostración de la expresión general para las tensiones normales en una viga en flexión. Esta expresión es

$$\sigma = \frac{My}{I} \qquad \textbf{(4.7)}$$

siendo *I* el momento de inercia geométrico de la sección respecto del eje neutro transversal. *I* es una característica de la geometría de la sección y se encuentra definido en **Apéndice B.2**.

De manera que la tensión máxima actuará sobre la fibra más alejada del eje neutro, con un valor

$$\sigma_{Máx} = \frac{Mc}{I} = \frac{M}{I/c} = \frac{M}{W} \qquad \textbf{(4.8)}$$

donde *c* es la distancia desde el eje neutro a la fibra más alejada y *W* = *I*/*c* constituye el *Módulo Resistente* de la sección considerada.

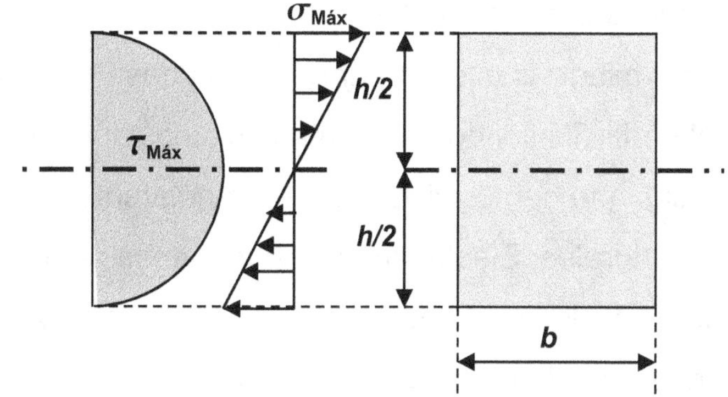

Fig. 4.23 – Distribución de tensiones normales y de corte en una viga se sección rectangular de altura *h* y ancho *b*.

b) Flexión compuesta

Hemos visto que si sobre una dada longitud de viga, el momento flexor se mantiene constante, el esfuerzo de corte sobre esa porción de viga es nulo. Si por el contrario, el momento flexor es variable, esto generará un esfuerzo de corte que resultará en una distribución de tensiones de corte en la sección. En el **Apéndice B.3** se demuestra que esa distribución de tensiones de corte para una viga de sección rectangular, está dada por la que se muestra en la **Fig. 4.23**.

4.6 La razón de ser de los perfiles estructurales.

Habiendo visto que las tensiones normales, sean de tracción o de compresión, se hacen máximas en las fibras más alejadas del eje neutro y que por el contrario, las tensiones de corte se hacen máximas en las fibras cercanas al eje neutro como lo muestra la **Fig. 4.23**, podemos entender los diseños con que se fabrican habitualmente muchos perfiles estructurales fundamentalmente metálicos, destinados a desempeñarse como vigas. Si bien hay una gran variedad de tales diseños, sin duda los más comunes son los llamados perfiles “I” o “doble T”, “U”, “L” y “T” ilustrados esquemáticamente en la **Fig. 4.24**.

Fig. 4.24 – Perfiles estructurales típicos.

Las partes de los perfiles que en la figura aparecen orientadas verticalmente se suelen identificar de manera genérica como *alma* del perfil, mientras que las partes orientadas horizontalmente suelen designarse *alas* del perfil. Teniendo en cuenta la distribución de tensiones normales y de corte típicas que hemos visto, surge inmediatamente la racionalidad de estas formas estructurales. Efectivamente, si tomamos por ejemplo el perfil “I”, también llamado “doble T”, las tensiones normales de tracción y compresión son resistidas fundamentalmente por las alas del perfil, ya que al encontrarse a la máxima distancia del eje neutro deben absorber las tensiones normales más elevadas. De hecho, no cometeremos un error muy importante si asumimos que todo el momento flexor en la sección es resistido sólo por las alas del perfil. Por el contrario, las tensiones de corte serán resistidas esencialmente por el alma del perfil, ya que las mismas se hacen máximas en la parte central del mismo. Por este motivo podemos ignorar como una primera aproximación la contribución de las alas a la resistencia al corte del perfil. El mismo razonamiento puede aplicarse aproximadamente para explicar la forma de las secciones del resto de los perfiles de la **Fig. 4.24**.

4.7 Que se doble, ¡pero no tanto!

Lo visto hasta aquí nos permite resolver mediante un adecuado diseño de la sección de una viga, el problema de las tensiones normales y las tensiones de corte a las que aquella puede estar sujeta de manera de asegurar que estas tensiones se mantengan dentro de límites que consideramos seguros.

Efectivamente, la **(4.7)** nos dice que la tensión normal máxima a la que estará sujeta la viga, estará dada por la expresión

$$\sigma_{Máx} = \frac{M}{W} \qquad \textbf{(4.9)}$$

que es la ecuación fundamental para el diseño de una viga, donde $W = I/c$, es el *módulo resistente* de la sección de la viga y que, como depende exclusivamente de la forma y dimensiones de la sección, suele encontrarse tabulado para los perfiles más comunes en los distintos manuales de diseño de vigas. Es habitual tomar como *tensión de diseño* o *tensión admisible* para una viga una fracción de la resistencia a la tracción ingenieril o de la tensión de fluencia del material de la viga, es decir

$$\sigma_{Adm} = \frac{1}{F}\sigma_{UTS}(\text{ó}\,\sigma_y) \qquad \textbf{(4.10)}$$

siendo $F > 1$, el *factor de seguridad* utilizado en el diseño. Por ejemplo, las especificaciones de la AISC (*American Iron and Steel Construction*) establecen una tensión admisible en flexión

$$\sigma_{Adm} = 0.6\sigma_y$$

mientras que para la AASHO (*American Association of State Highway and Transportation Office*), establece

$$\sigma_{Adm} = 0.55\sigma_y$$

De esta manera, el diseño consiste esencialmente en seleccionar un perfil de viga con un valor de *W*, que garantice que $\sigma_{Máx} \leq \sigma_{Adm.}$

Si bien no lo estamos considerando aquí, el diseño de la viga debe tener en cuenta otros aspectos tales como verificar que la viga se encuentre adecuadamente soportada para evitar problemas de torsión debido a problemas de asimetría de cargas o de pandeo de las regiones en compresión. Nos referiremos a este último punto más adelante. En líneas generales, las principales consideraciones para el diseño de una viga se pueden resumir como:

- Selección y dimensionamiento de la sección a emplear con relación a la resistencia a la flexión, controlando la inestabilidad por pandeo del ala comprimida.
- Control de la capacidad del perfil para resistir los esfuerzos de corte en el alma y el aplastamiento local en los puntos de aplicación de cargas concentradas.
- Control de deformaciones, limitando las flechas que puedan producirse.
- Selección del tipo de acero desde el punto de vista económico.

El ingeniero calculista debe considerar estos cuatro aspectos básicos al momento de seleccionar y dimensionar un perfil, dados el largo de la viga y el tipo de carga a la que se encuentra sometido. Los perfiles de acero más usados en vigas son los del tipo "I", debido a que presentan un elevado momento de inercia en relación a otros perfiles abiertos, y tienen también una rigidez lateral apreciable lo que les permite una buena resistencia a la torsión. Los ángulos y secciones "T", son más débiles para resistir flexión, mientras que las secciones "U", se pueden usar para soportar cargas pequeñas, aunque debido a su falta de rigidez lateral, requieren de soportes laterales.

Volviendo a la cuestión de las deformaciones, de nada sirve seleccionar el perfil de una viga que permita soportar adecuadamente las tensiones que producen las cargas de servicio si estas cargas resultan en deformaciones elásticas de la viga que la hacen inutilizable para el fin a que está destinada. Por ejemplo, si se están empleando vigas de determinadas dimensiones para construir un piso, es evidente que deben limitarse las deformaciones debido a las cargas que circulen por el mismo, ya que de ser excesivas, harían que el confort y la funcionalidad del piso se viese comprometida. De manera que es importante poder estimar la deformación máxima que puede experimentar una viga bajo carga. Esta deformación recibe habitualmente el nombre de *flecha máxima*. En el **Apéndice B.4** puede encontrarse la demostración que la flecha en una viga simplemente apoyada, está dada por

$$y = \frac{M}{2EI}(x^2 - Lx) \qquad \textbf{(4.11)}$$

La **(4.11)** nos permite calcular la flecha en cada punto de la viga conociendo el diagrama de momentos flexores y determinar el valor de la flecha máxima. En la práctica, la flecha máxima se limita en general a valores que varían entre *L*/200 - *L*/300 para el caso de vigas de piso hasta valores de *L*/800 - *L*/1000 para el caso de vigas en estructuras industriales como puentes, pórticos, grúas, etc., siendo *L* la longitud entre apoyos de la viga denominada habitualmente *luz*.

4.8 El elemento estructural que falta: la columna.

Recordemos que habíamos definido a la viga como un elemento estructural esbelto, es decir de dimensión longitudinal dominante frente a las dimensiones de la sección transversal que de todos modos no son despreciables, que está destinado a transmitir esfuerzos normales de tracción-compresión en la dirección longitudinal y esfuerzos de corte transversales o momentos flexores. En este sentido, la *columna* es similar a una viga pero se trata generalmente de un elemento utilizado en posición vertical, sometido esencialmente a cargas de compresión según su eje longitudinal. El modo de falla más común en columnas es el *pandeo* que consiste en una condición de inestabilidad que conduce a deflexiones laterales que progresan ilimitadamente. La carga de compresión que produce tal condición se denomina *Carga de Euler* o *Carga Crítica de Pandeo.*

Consideremos la columna que se muestra en la **Fig. 4.25**, sometida a una carga de compresión *P* y articulada en sus extremos. Lo que queremos calcular ahora es cuál es el valor de *carga mínima* que nos permitiría mantener una deflexión lateral de la columna como se muestra esquemáticamente en la figura. Esta deflexión lateral se denomina *pandeo* y la carga mínima que la produce se conoce como *carga crítica de pandeo* o *carga crítica de Euler.*

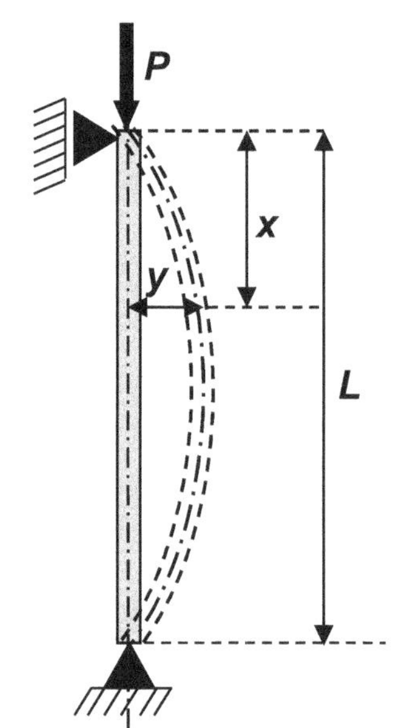

Fig. 4.25 – Columna articulada en sus extremos sometida a una carga de compresión *P*.

$$P_{Crít.} = \frac{\pi^2 EI}{L^2} \qquad \textbf{(4.12)}$$

Es importante tener en cuenta que la carga crítica de pandeo **(4.12)** ha sido calculada como la carga mínima que puede mantener una pequeña deflexión como la indicada en la **Fig. 4.25**, quedando la magnitud de la deflexión indefinida con la única condición que se trate de una deflexión pequeña. Esto implica que cargas menores a la crítica corresponden a una condición de *equilibrio estable* en el sentido que si a una columna cargada con una fuerza inferior a $P_{Crít}$ se le aplica una pequeña deflexión lateral, al eliminar la perturbación que originó la deflexión, la columna vuelve a la configuración geométrica original. En cambio para una carga igual a la crítica, el equilibrio es del tipo *indiferente*, ya que aplicada una pequeña deflexión lateral, esta se mantendrá independiente de la amplitud de la deflexión aunque se retire la perturbación que la produjo. Si la carga aplicada es mayor que $P_{Crít}$ la aplicación de una pequeña deflexión lateral resultará en un aumento sin límite de la misma lo que conducirá rápidamente a la falla estructural de la columna. Se trata en este caso de un estado de *equilibrio inestable*.

A fin de ilustrar mejor el sentido físico de la carga crítica de pandeo $P_{Crít.}$, consideremos el modelo elástico idealizado representado en la **Fig. 4.26 (*a*)**, donde el resorte central tiene como objeto mantener la alineación de las partes *AB* y *BC*.

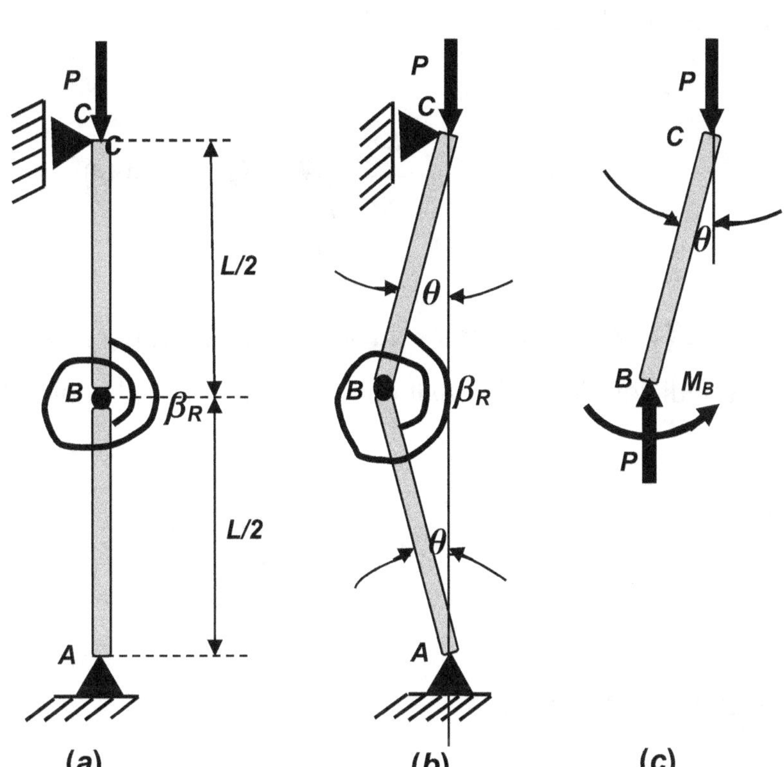

Fig. 4.26 – Modelo idealizado de columna mediante dos barras rígidas articuladas en el centro.

En efecto, podemos determinar la carga crítica considerando la estructura en la posición perturbada indicada en la parte **(*b*)** de la figura y analizando el equilibrio. Para ello consideremos la porción *BC* como cuerpo aislado y el equilibrio de fuerzas y momentos en el extremo *B* como se muestra en la parte **(*c*)** de la misma figura.

Llamando β_R a la constante de restitución elástica del resorte, resulta

$$M_B = 2\beta_R\theta \qquad \textbf{(4.13)}$$

Teniendo en cuenta que estamos asumiendo pequeñas deformaciones, podemos escribir el desplazamiento lateral del punto *B* como $\theta L/2$, de manera

que el equilibrio de momentos en *B* impone que

$$M_B - P\left(\frac{\theta L}{2}\right) = 0$$

o bien teniendo en cuenta **(4.13)**

$$\left(2\beta_R - \frac{PL}{2}\right)\theta = 0 \qquad \textbf{(4.14)}$$

La **(4.14)** tiene como solución trivial $\theta = 0$, pero ésta representa claramente una condición de equilibrio inestable. Una segunda solución se obtiene para

$$2\beta_R - \frac{PL}{2} = 0$$

de donde obtenemos

$$P_{Crít.} = \frac{4\beta_R}{L}$$

Para este valor de carga la estructura se mantiene en equilibrio independientemente del valor de θ siempre que este se mantenga pequeño. Por lo tanto la carga crítica es la *única* carga para la cual la estructura estará en equilibrio en la posición perturbada, ya que a este valor de carga el efecto restitutivo del resorte iguala exactamente al momento de pandeo de la carga. Si la carga es menor que la crítica, el efecto restitutivo se impone y la estructura vuelve a su configuración inicial recta luego de una pequeña perturbación. En cambio si la carga aplicada supera la crítica, la estructura pandea.

4.9 Sacando el máximo provecho de vigas y columnas. Más allá del comportamiento elástico.

Hasta aquí hemos considerados solamente situaciones en las que el diseño de una viga es tal que garantice que ningún punto de su sección transversal alcance tensiones que lo lleven al rango plástico. Esto se logra seleccionando una sección tal que las tensiones máximas debidas a las cargas aplicadas se mantengan por debajo de la tensión de fluencia del material lo que implica adoptar un criterio del tipo indicado por la **(4.10)**. Ignorando por simplicidad la interacción entre las tensiones normales de tracción-compresión y las tensiones de corte y teniendo en cuenta que las primeras son en general las preponderantes en una viga, la **(4.8)** nos dice que una sección de la viga entrará en fluencia plástica cuando se cumpla

$$\sigma_{Máx} = \frac{M}{I} c = \sigma_y \qquad \textbf{(4.15)}$$

donde *c* es la distancia desde el eje neutro a la fibra más alejada.

Para entender cómo evoluciona la plasticidad en una viga, consideremos el caso general de una viga con una sección con simetría sólo respecto del eje vertical *AB*, construida de un material que por simplicidad asumiremos con

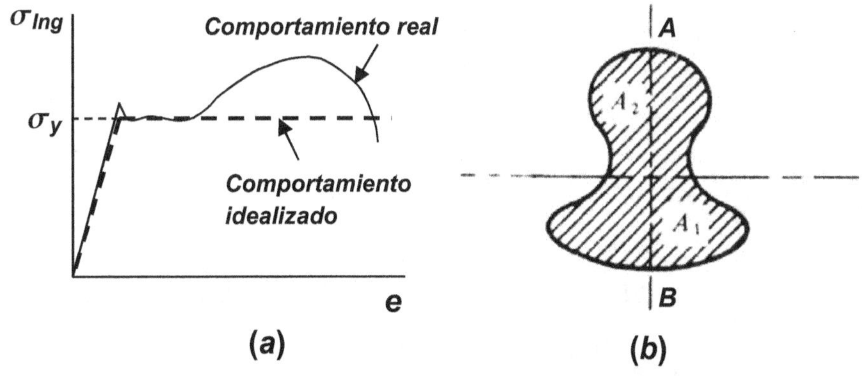

Fig. 4.27 – Sección de una viga completamente plastificada y comportamiento idealizado del material como elasto-plástico ideal.

comportamiento plástico ideal, y que suponemos que se encuentra totalmente plastificada. La **Fig. 4.27 (a)** muestra la forma que atribuimos a la curva tensión ingenieril-deformación ingenieril en comparación con la curva real correspondiente del material. Esta aproximación es la más simple y comúnmente utilizada. Esto significa que las zonas plastificadas en tracción y en compresión, la tensión normal será constante y de valor igual a σ_y y -σ_y respectivamente, ya que asumimos que la tensión de fluencia en tracción es en valor absoluto idéntica a la de compresión.

A fin de establecer la posición del eje neutro cuando la sección ha alcanzado la plastificación total consideremos el equilibrio de fuerzas en la sección en la dirección horizontal. Haciendo referencia a la **Fig. 4.27 (b)**, tendremos entonces que

$$\sigma_y A_1 - \sigma_y A_2 = 0$$

donde asumimos que A_1 es el área de la sección en tracción y A_2, el área en compresión, siendo σ_y la tensión de fluencia del material. De manera que

$$A_1 = A_2 = \frac{A}{2}$$

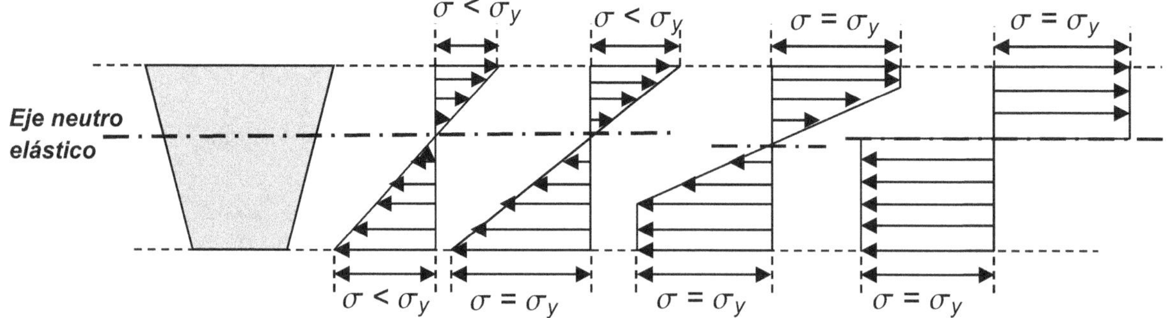

Fig. 4.28 – Evolución de la plasticidad en una viga.

o sea que cuando la sección alcanza la plastificación total, el eje neutro no pasa en general por el baricentro de la misma sino que la divide en partes iguales.

La **Fig. 4.28** nos muestra esquemáticamente la forma en que progresa la región plastificada en una viga de sección trapezoidal a medida que se incrementa el momento flexor aplicado en la sección hasta que se alcanza la plastificación total, situación que suele conocerse como *bisagra plástica*.

Por otra parte, el momento plástico M_P que produce la plastificación total, puede ser expresado como

$$M_P = \sigma_y A_1 \bar{y}_1 + \sigma_y A_2 \bar{y}_2$$

donde $\bar{y}_1$ e $\bar{y}_2$ representan las distancias desde el eje neutro hasta los baricentros de las respectivas áreas A_1 y A_2.

Ahora bien, como es $A_1 = A_2 = A/2$, resulta

$$M_P = \sigma_y \frac{A}{2}\left(\bar{y}_1 + \bar{y}_2\right) \qquad \textbf{(4.16)}$$

o bien

$$\sigma_y = \frac{M_P}{\frac{A}{2}\left(\bar{y}_1 + \bar{y}_2\right)} = \frac{M_P}{Z_P} \qquad \textbf{(4.17)}$$

donde

$$Z_P = \frac{A}{2}\left(\bar{y}_1 + \bar{y}_2\right) \qquad \textbf{(4.18)}$$

es el denominado *Módulo Plástico* de la sección y como vemos es una propiedad de la geometría de la misma.

Para la mayoría de las secciones normales Z_P = 1.2/1.5. También se cumple en general que M_P = 1.2/1.5 M_e, donde M_e es el máximo momento elástico

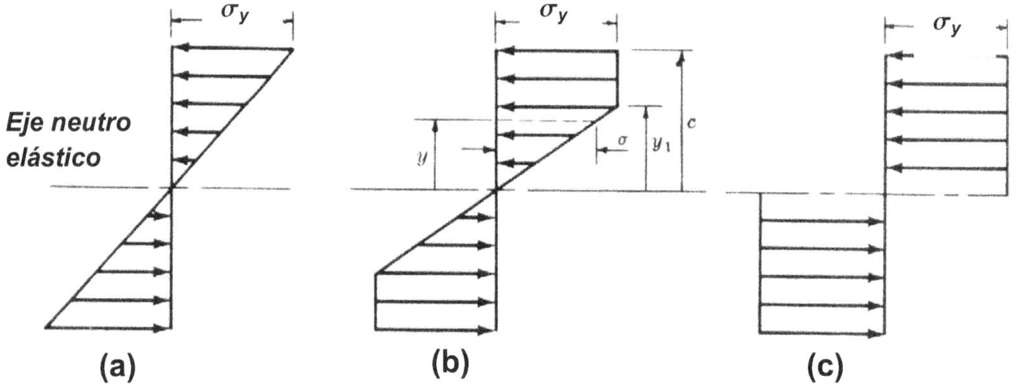

Fig. 4.29 – Viga con la sección en el límite elástico (a), con plastificación parcial (b) y con plastificación total (c)

que la sección puede transmitir.

En el caso en que la sección no alcance la plastificación total (asumiendo como siempre que secciones planas antes de la deformación se mantienen planas después de la deformación), y dado que las deformaciones aumentan linealmente con la distancia al eje neutro, se tendrá una distribución de tensiones como la indicada en la **Fig. 4.29**. Considerando el equilibrio de fuerzas en la sección, se puede ubicar la posición del eje neutro (en función de y_1), y mediante el equilibrio de momentos, se obtiene el valor de y_1 y por lo tanto la localización del eje neutro en una situación general de plastificación parcial.

Las consideraciones anteriores nos sugieren que un elemento estructural, en nuestro caso particular una viga, puede soportar cargas significativamente superiores a las que producen la primera entrada en fluencia en algún punto de la sección resistente. De hecho, una estructura en general se mantendrá en pié en la medida que queden zonas de las secciones resistentes aún por plastificar. Recién cuando al menos alguna de las secciones resistentes haya alcanzado la plastificación total, una carga adicional producirá la falla de la estructura. El *análisis plástico* es el método mediante el cual la *carga de colapso plástico* de una estructura puede ser calculada y que, como hemos visto, puede ser significativamente superior que la capacidad portante elástica.

Para una columna, la tensión (media) crítica de pandeo, puede calcularse como

$$\sigma_{Crít.} = \frac{P_{Crít.}}{A} = \frac{\pi^2 EI}{AL^2} \qquad \textbf{(4.19)}$$

Teniendo en cuenta que se puede escribir

$$I = Ar^2 \qquad \textbf{(4.20)}$$

donde A es la sección transversal de la barra y r el *radio de giro*[8] de la misma, que para una sección circular queda definido por la **(4.20)**.

De manera que la **(4.19)** queda

$$\sigma_{Crít.} = \frac{\pi^2 EAr^2}{AL^2} = \frac{\pi^2 E}{(L/r)^2} \qquad \textbf{(4.21)}$$

Definiendo la *relación de esbeltez* λ como

[8] Si se trata de una sección no circular, por ejemplo para una sección rectangular que posee por lo tanto dos ejes de simetría, se definen dos radios de giro, cada uno correspondiente a cada momento de inercia geométrico respecto de tales ejes. Para la **(4.22)** se debe utilizar el radio de giro menor por brindar el resultado más conservativo.

$$\lambda = \frac{L}{r}$$

la **(4.21)** queda

$$\sigma_{Crít.} = \frac{\pi^2 E}{\lambda^2} \qquad \textbf{(4.22)}$$

La **Fig. 4.30** muestra la variación de la tensión (media) crítica de pandeo con la relación de esbeltez (*Curva de Euler*).

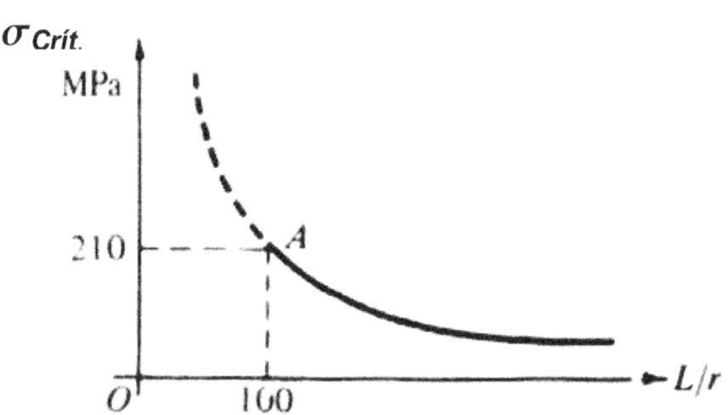

Fig. 4.30 – Curva de Euler de tensión crítica de pandeo Vs. Esbeltez.

Típicamente la relación de esbeltez se encuentra en la práctica entre 30 y 150 para la mayoría de las columnas. La **(4.22)** nos dice que a medida que la relación de esbeltez disminuye, aumenta la tensión crítica de pandeo. En el ejemplo ilustrado por la **Fig. 4.30**, una relación de esbeltez de 100 corresponde a una tensión crítica de pandeo de 210 MPa. La relación de esbeltez que corresponde a una tensión (media) crítica de pandeo igual a la tensión de fluencia del material, se denomina *radio crítico de esbeltez*, y corresponde al límite del comportamiento elástico de una columna. En la **Fig. 4.30**, si la tensión de fluencia del material fuese 210 MPa, la curva de Euler

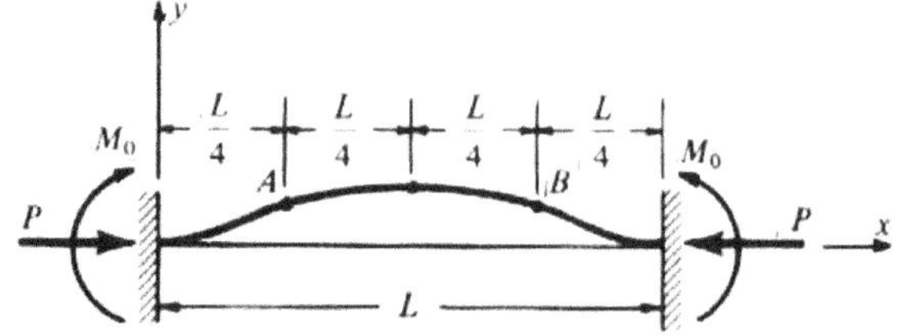

Fig. 4.31 - Pandeo de una columna doblemente empotrada.

sería válida hasta dicho punto como lo sugiere el hecho que para valores de *L/r* menores al correspondiente a dicho punto, la curva se representa punteada.

Hasta aquí hemos supuesto que la barra o columna analizada tiene sus extremos vinculados mediante articulaciones, es decir que no transmiten momentos flexores y que impiden el desplazamiento lateral en los extremos. No obstante es posible extender el uso de la **(4.22)** a situaciones en las que las condiciones de soporte de las columnas son de otro tipo. Para ello consideremos el caso ilustrado en la **Fig. 4.31**. Es fácil ver que los puntos *A* y *B* son de inflexión por lo que el tramo de columna comprendido entre esos dos puntos se comporta como una columna de longitud *2(L/4)* soportada entre articulaciones.

Llamando *Longitud Equivalente* L_{Eq} de columna a la longitud de una columna equivalente con extremos articulados, la longitud equivalente de la columna ilustrada en la **Fig. 4.31** es $L_{Eq} = L/2$, de manera que

$$P_{Crít.} = \frac{\pi^2 EI}{L_{Eq}^{\ 2}} \qquad \textbf{(4.23)}$$

La **(4.23)** nos permite calcular la carga crítica para cualquier columna conociendo su longitud equivalente independientemente de la forma de soporte.

Es importante destacar que hasta aquí hemos supuesto comportamiento lineal elástico de la columna. Si las tensiones en la sección más solicitada alcanzan la fluencia plástica del material, la tensión crítica de pandeo ya no estará dada por la **(4.22)**. En 1899 el ingeniero alemán Engesser sugirió que en tal caso es posible incorporar el efecto de la deformación plástica reemplazando el módulo de Young *E* por el *Módulo Tangente* E_t en la **(4.22)**, donde el módulo tangente es la pendiente de la tangente a la curva tensión verdadera-deformación verdadera del material en el punto considerado.

De esta manera, la tensión (media) crítica de pandeo plástico estará dada por la expresión

$$\sigma_{cp} = \frac{\pi^2 E_t}{\lambda^2} \qquad \textbf{(4.24)}$$

La correspondiente carga crítica axial $P_{cp} = A\sigma_{cp}$ se denomina *carga de Euler-Engesser* y representa la máxima carga para la cual la columna mantiene una configuración de equilibrio. Esta expresión está representada por la porción *AB* de la curva de la **Fig. 4.32**, que continúa así la curva de Euler correspondiente al comportamiento elástico en el rango plástico. Dado que E_t varía con la tensión, la forma de obtener la porción *AB* de la curva requiere un proceso de iteración.

Se comienza considerando una carga crítica de pandeo $P_{cp.}$ levemente superior a la carga de fluencia de fluencia $A\sigma_y$ (que es la correspondiente al punto *A*), y se calcula la correspondiente tensión $\sigma_{cp} = P_{cp}/A$. Con este valor se obtiene E_t de la curva tensión verdadera-deformación verdadera y mediante la **(4.24)** se calcula un nuevo valor de σ_{cp} y de $P_{cp.}$. Este proceso se continúa hasta que se logre la convergencia de $P_{cp.}$

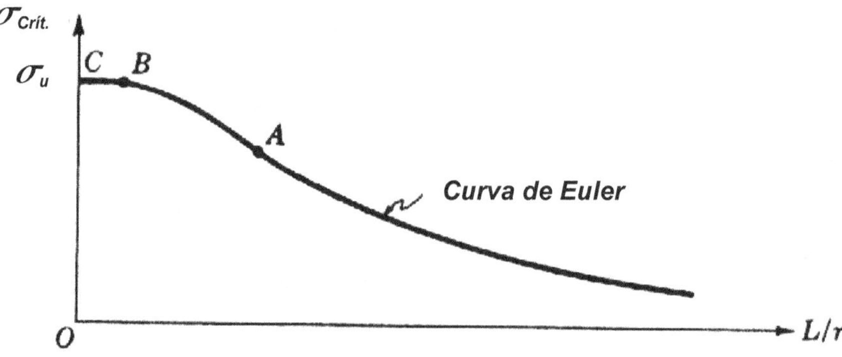

Fig. 4.32 – Curva de Euler para una columna.

Teniendo en cuenta que la esbeltez $\lambda = L/r$, donde r es el radio de giro de la sección, la **(4.24)** puede escribirse como

$$\frac{L}{r} = \pi \sqrt{\frac{E_t}{\sigma_{cp}}} \qquad \textbf{(4.25)}$$

Para valores de esbeltez menores a los correspondientes al punto *B*, la tensión (media) crítica puede considerarse igual a la tensión última verdadera del material σ_u, representada por la porción *BC* de la figura.

4.10 Finalmente: ¿por qué no se caen en general las estructuras que construimos?

Hasta aquí hemos considerado básicamente elementos estructurales aislados, esencialmente barras, vigas y columnas. En el caso de las barras, hemos visto de que manera estas pueden conectarse de modo de formar una estructura plana o una estructura espacial rígida que puede actuar para configurar una viga o una columna reticulada. Mediante una adecuada combinación de estructuras reticuladas, vigas y columnas, el diseñador puede concebir una numerosísima variedad de estructuras portantes, es decir capaces de soportar cargas de servicio. Sólo para tomar un ejemplo simple pero particularmente importante, la combinación de columnas con vigas puede dar origen al tipo de estructura conocido como *pórtico*, que se muestra en la **Fig. 4.33**.

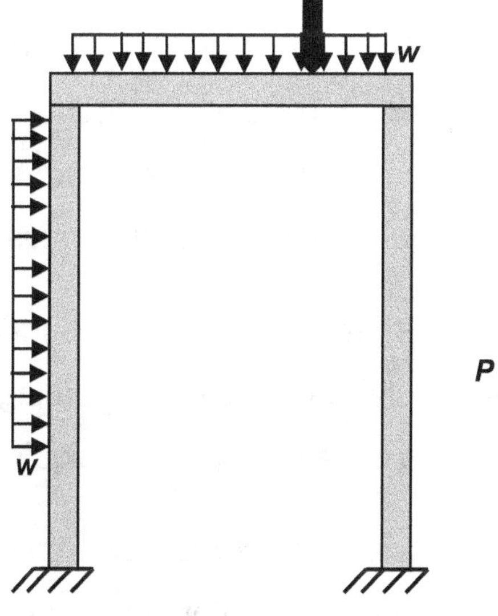

Fig. 4.33 – Estructura de pórtico simple.

Como puede verse, un pórtico simple consiste esencialmente en una viga soportada por dos columnas. La unión entre las columnas y la viga puede ser rígida, por ejemplo soldada, o articulada. Del mismo modo, las columnas pueden encontrarse empotradas en un extremo, como muestra el ejemplo de la figura, o sujetas de alguna otra manera, por ejemplo mediante articulaciones fijas. En cualquier caso, la estructura debe tener los vínculos necesarios para impedir desplazamientos excesivos o indeseados. Cuando una estructura carece de los vínculos necesarios para mantenerse rígida, se dice que se ha convertido en un *mecanismo*. Por ejemplo, hemos visto más arriba que cuando un arco desarrolla un cuarto punto de articulación, el mismo colapsa, es decir pasa de ser una estructura rígida a un mecanismo. Esta cuarta articulación puede ser originada por ejemplo por la formación de una bisagra plástica.

En la **Fig. 4.33** vemos que el pórtico está sujeto a cargas puntuales y distribuidas en la viga superior, por ejemplo respectivamente debidas a la presencia de algún equipo pesado y a la acumulación de nieve, y a cargas distribuidas laterales, típicamente debidas al viento. Las formas en que estas cargas pueden conducir a la falla del pórtico son diversas. La falla puede producirse por un excesivo desplazamiento lateral debido a las cargas laterales, puede producirse por el pandeo de alguna de las columnas que soportan la viga, o por la formación de una bisagra plástica en la viga superior o en alguna de las columnas lo que equivale a introducir una o más articulaciones adicionales que pueden comprometer la rigidez de la estructura y convertirla en un mecanismo. El diseñador debe tener en cuenta estos posibles modo de falla y proveer las secciones resistentes necesarias y la cantidad de vínculos para la restricción del movimiento para evitar que estos posibles modos de falla tengan lugar.

Podemos entonces resumir las condiciones que debe satisfacer una estructura para mantener su integridad, es decir para que no se produzca el colapso de la misma, de la siguiente manera:

Estabilidad estructural: esto significa que bajo las cargas de servicio, la estructura no debe experimentar ninguna condición que haga que los desplazamientos de alguna de sus partes aumenten más allá de un cierto límite impuesto por el diseño.

Plastificación limitada: es decir que si el diseño contempla plastificación parcial de algunas secciones, las mismas no desarrollen una bisagra plástica.

Resistencia adecuada al pandeo: tanto al pandeo elástico como al eventual pandeo plástico. Esto vale tanto para las columnas como para las partes de una viga en compresión. Es por esto que los códigos de fabricación establecen dimensiones mínimas para la alas de los perfiles que deban trabajar en compresión.

Resistencia a la fractura frágil: este es un concepto de diseño que se ha incorporado más recientemente y tiene que ver con la selección de materiales que tengan una temperatura de transición dúctil-frágil por debajo de la mínima temperatura de servicio, como ya lo hemos analizado anteriormente.

Referencias

4.1 J.M.Gere, S.P.Timoshenko, *Mechanics of Materials, 4th Ed.* PWS Publishing Company, USA, 1984.

4.2 W.A.Nash, *Theory and Problems of Strength of Materials, 2nd Ed.* Schaum's Outline Series, McGraw-Hill Book Company, USA, 1977.

4.3 R.C.Juvinall, K.M.Marshek, *Fundamentals of Machine Component Design, 3rd Ed.* John Wiley & Sons Inc., USA, 2000.

4.4 J.E. Gordon, *Structures: or why things don't fall down*, Da,Capo Press, U.K., 1978.

4.5 M.F. Ashby, *Materials Selection in Mechanical Design*, 4a. Ed., 2010, Kindle Editions.

4.6 C. Caprani, *Notes on Plastic Analysis*, 3rd year Structural Engineering, 2010/11.

5 Más vale maña que fuerza: los materiales estructurales modernos.

5.1 Más materia gris que elementos de aleación[9]

Hasta los años '50, la metalurgia se había desarrollado en forma empírica, esencialmente por prueba y error, con poca o ninguna contribución del conocimiento científico, salvo quizás de la termodinámica y la físico-química a fines del siglo XIX y comienzos del XX, pero básicamente utilizada en el área extractiva y de reducción de minerales. En particular, los conocimientos ya existentes en la época referentes a la estructura atómica, no habían aun hecho impacto en la tecnología de los metales.

Fue recién a partir de los años '50 que empieza a producirse el matrimonio entre la física y la metalurgia tradicional dando origen a lo que hoy conocemos como Metalurgia Física, que comenzaba entonces a tomar carta de ciudadanía como una rama legítima de la física. Esta unión introdujo un nuevo

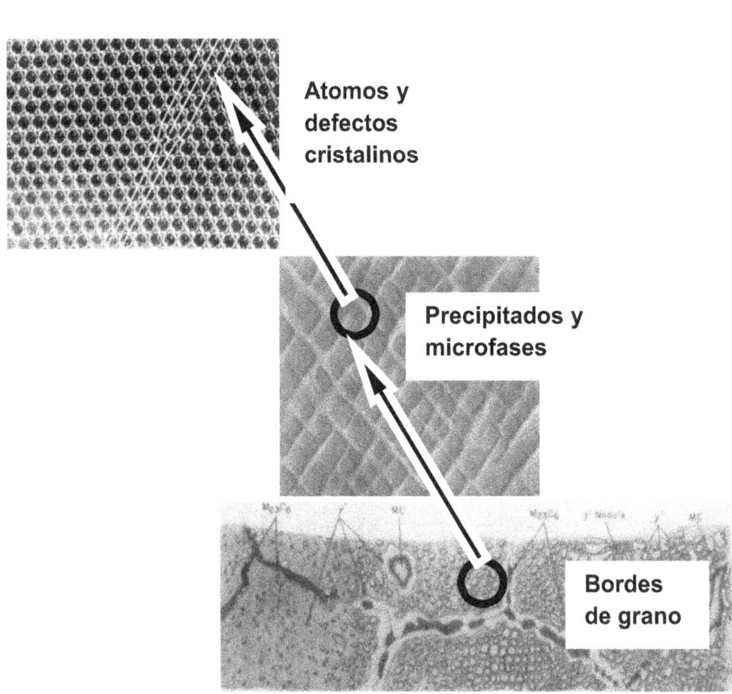

Fig. 5.1 – Distintas escalas de caracterización de un material.

---

(9) Frase pronunciada por el entonces Jefe del Servicio de Metalografía de la CNEA, Ing. Daniel Vasallo, en los años ´70, con relación a los nuevos aceros microaleados de tratamiento termo-mecánico controlado.

paradigma que tiene vigencia hasta nuestros días. Este paradigma surge del reconocimiento que las propiedades de los materiales, tanto mecánicas como magnéticas, eléctricas y nucleares, son cualidades emergentes no sólo de la composición química sino en gran medida de la estructura de los mismos. El término estructura, aplicado a un material, debe entenderse aquí algo así como la "arquitectura" en distintas escalas de descripción de aquél, es decir a nivel atómico, en el que quedan definidas las estructuras cristalinas y los defectos cristalinos, a nivel mesoscópico en el que se definen e identifican las fases y microfases presentes y su distribución, y a un nivel que podemos llamar macroscópico, en el que se caracteriza el tamaño de grano y su morfología o textura.

Un celebrado ejemplo de la relación microestructura-propiedades, es la ley de Hall-Petch, que dice que la resistencia al inicio de la deformación plástica de un metal o aleación, caracterizada por su tensión de fluencia, es inversamente proporcional a la raíz cuadrada del diámetro de grano promedio[4].

La ley de Hall-Petch está relacionada con uno de los logros más destacables que se produjeron como resultado de la simbiosis entre la metalurgia y la física en la década del '60: los aceros de tratamiento termomecánico controlado.

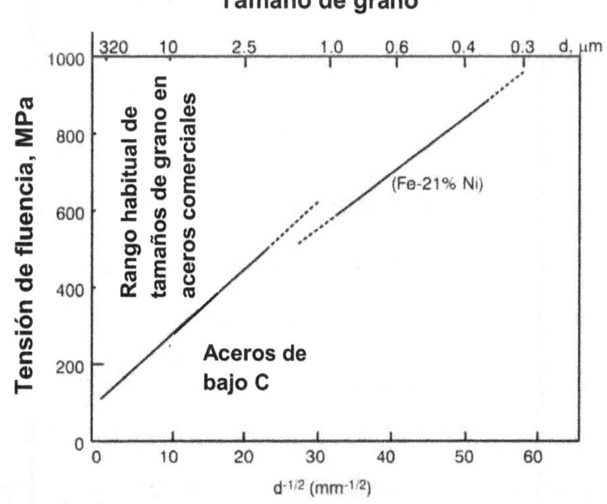

Fig. 5.2 – Ley de Hall - Petch

Estos aceros de media y alta resistencia deben su existencia al conocimiento de la física de los defectos cristalinos que permitió el control submicroscópico de precipitados a través de la introducción de muy pequeñas cantidades de elementos de aleación específicos, seguido de un tratamiento de laminación a temperaturas controladas. El resultado fue una generación de aceros, esencialmente al carbono – manganeso (C-Mn), que poseen elevada resistencia mecánica y excelente resistencia a la fractura frágil. Actualmente, estos aceros son ampliamente utilizados en la industria de producción y transporte de gas y petróleo y no deja de ser significativo que los eventuales sucesores de estos aceros, al menos en algunas aplicaciones, sean las nuevas generaciones de aceros supermartensíticos, que también son el resultado de la comprensión lograda en fenómenos metalúrgicos fundamentales y en la teoría de aleaciones.

Hasta aquí nos hemos referido solamente a desarrollos en aceros, pero la metalurgia científica, hija de este matrimonio entre la metalurgia tradicional y la física, ha sido pródiga en el diseño y producción de otras aleaciones que si bien de menor utilización en términos de tonelaje, han sido determinantes en los logros tecnológicos contemporáneos como la generación de energía tanto por medios convencionales como nucleares, el transporte marítimo y terrestre, la actividad aeroespacial y la biomecánica, sólo para nombrar algunos campos en los que estos materiales juegan un rol protagónico. Algunos de estos materiales son las aleaciones de aluminio termoendurecibles, las superaleaciones de Ni-Co-Fe, las aleaciones de Titanio, Circonio, etc.

Como se ha mencionado más arriba, las propiedades de los materiales son esencialmente resultantes de la estructura de los mismos. A su vez la estructura queda determinada por el arreglo particular que adoptan los átomos que constituyen el material. En el caso de los materiales cristalinos en general, el arreglo u ordenamiento periódico espacial que los caracteriza, se ve alterado en su periodicidad por la presencia de los "defectos cristalinos" de los que ya nos hemos ocupado anteriormente. Sin embargo, debe destacarse que esta denominación se refiere al hecho que la presencia estos "defectos" interrumpen la periodicidad perfecta del cristal más que al hecho que constituyan un factor deletéreo para las propiedades del mismo. De hecho, muchas propiedades útiles de los materiales cristalinos, como por ejemplo la ductilidad de los metales o la elevada resistencia mecánica de los cerámicos, se originan en la presencia de tales defectos.

Ya hemos visto que los defectos cristalinos pueden clasificarse en puntuales, lineales y superficiales o bidimensionales. Entre los primeros, los más importantes son las vacancias y los intersticiales. Las primeras representan la ausencia de un átomo en el lugar que éste debería ocupar si el cristal fuese perfecto. Los defectos intersticiales por el contrario, están constituidos por la presencia de un átomo en una posición que no debería estar ocupada en el cristal perfecto. La **Fig. 5.3** ilustra la existencia de una vacancia en un cristal y la presencia de un intersticial en una estructura cristalina cúbica centrada en las caras.

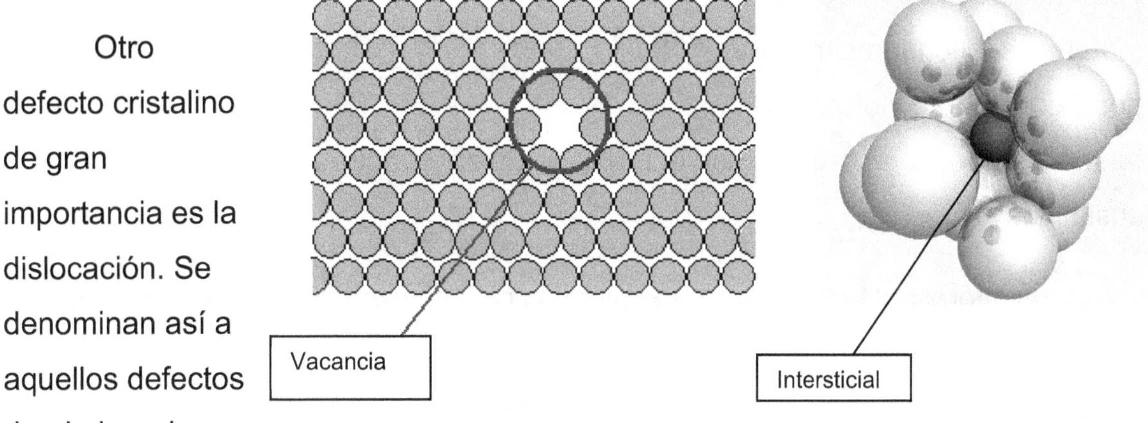

Fig. 5.3 – Vacancia en un cristal (izquierda) y átomo intersticial (color negro) en una estructura centrada en las caras (átomos claros) (derecha).

Otro defecto cristalino de gran importancia es la dislocación. Se denominan así a aquellos defectos donde la red se distorsiona alrededor y a lo largo, de una línea de átomos. La distorsión de los átomos genera un campo de tensiones. Ya hemos visto que un tipo muy importante de dislocación, llamado de borde, está constituido, por un plano incompleto de átomos en la red cristalina que termina en la línea de dislocación como se muestra en la **Fig. 2.15** en la que se puede ver la representación gráfica de una dislocación de borde.

La introducción del concepto de dislocación revolucionó el campo de la mecánica de materiales desde su introducción teórica a fines de la década del '20.

A partir de este concepto se pudo explicar la diferencia entre la tensión teórica de deformación y la tensión de corte real para comenzar la deformación, donde la primera es del orden de 100 a 1000 veces mayor que la medida experimentalmente como hemos visto en la **Tabla 2.1**. También explica el mecanismo de deformación plástica de los materiales, el endurecimiento por deformación, y otros tantos fenómenos asociados con la fluencia, creep y fractura de los materiales cristalinos.

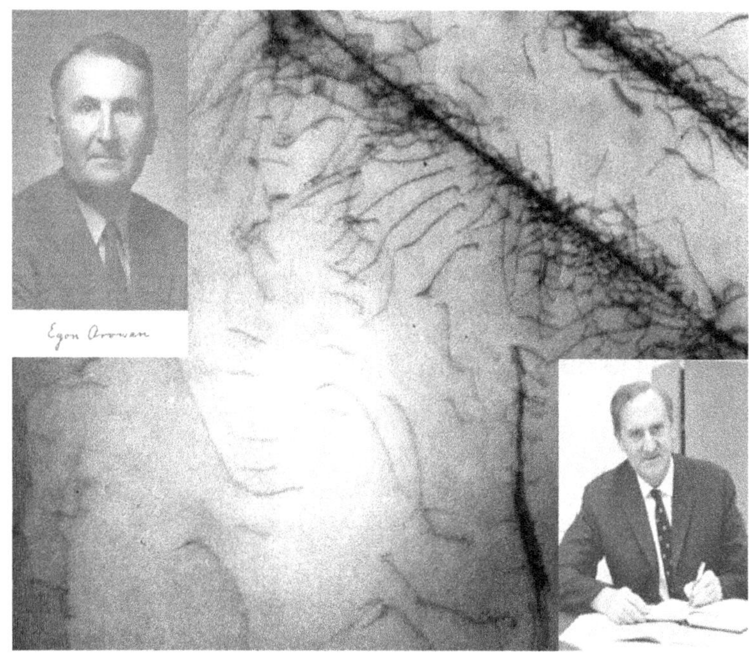

Fig. 5.4 – Bosque de dislocaciones observado mediante microscopía electrónica de transmisión.

Es interesante destacar que si bien las dislocaciones fueron propuestas teóricamente a fines de los años '20, su observación experimental debió esperar el desarrollo de la microscopía electrónica para que recién la década del '60 fueran detectadas. La **Fig, 5.4** muestra un bosque de dislocaciones observado mediante microscopía electrónica de

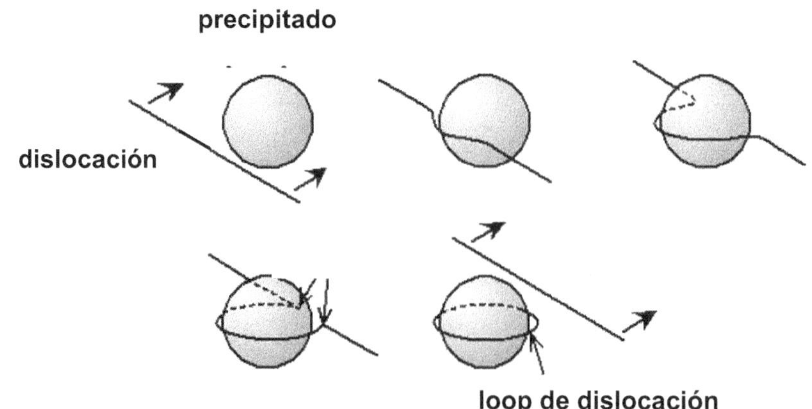

Fig. 5.5 – Interacción entre una dislocación y un precipitado

transmisión. En la foto superior E.Orowan, que introdujo con otros el concepto de dislocación teóricamente. A la derecha, Sir A. Cottrell, que contribuyó a la comprensión de la interacción entre dislocaciones y átomos (Atmósferas de Cottrell).

La **Fig. 5.5** ilustra el mecanismo propuesto por E.Orowan de interacción entre un precipitado y una dislocación. Puede verse como el encuentro del precipitado con la dislocación obliga a esta a curvarse aumentando así su longitud. Este proceso consume energía lo que se traduce en un mayor esfuerzo necesario para hacer mover la dislocación.

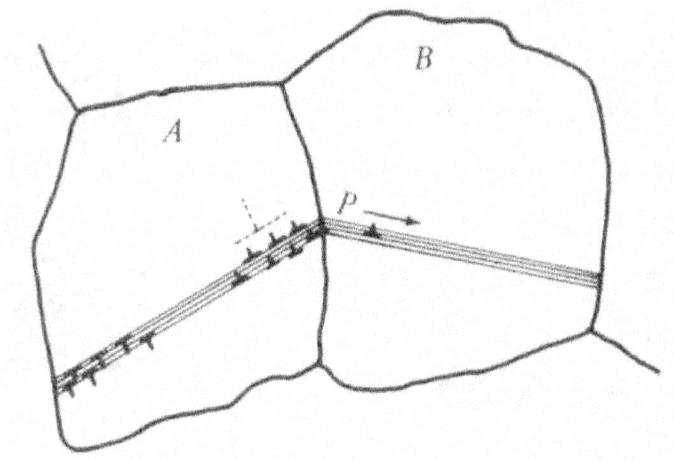

Fig. 5.6 – Propagación de bandas de deslizamiento en un policristal.

Alternativamente, dependiendo de las características del precipitado, la línea de dislocación puede pasar a través del mismo produciendo su seccionamiento. En ambos casos la presencia del precipitado o microfase contribuye al endurecimiento del cristal por constituir una barrera al movimiento de las dislocaciones.

La propagación de bandas de deslizamiento (agrupación de planos de deslizamiento) en las que tiene lugar la deformación plástica en un material policristalino, como lo son la mayoría de los materiales metálicos o cerámicos que utilizamos habitualmente y en los que cada grano individual es en si un monocristal, requiere que el apilamiento de dislocaciones en el borde de grano deba producir una concentración de tensiones suficiente para iniciar el deslizamiento en un sistema del grano adyacente. Una estructura de grano más fina obliga a que haya más sitios de reiniciación lo que aumenta la resistencia a la deformación del policristal como se muestra esquemáticamente en la **Fig. 5.6**.

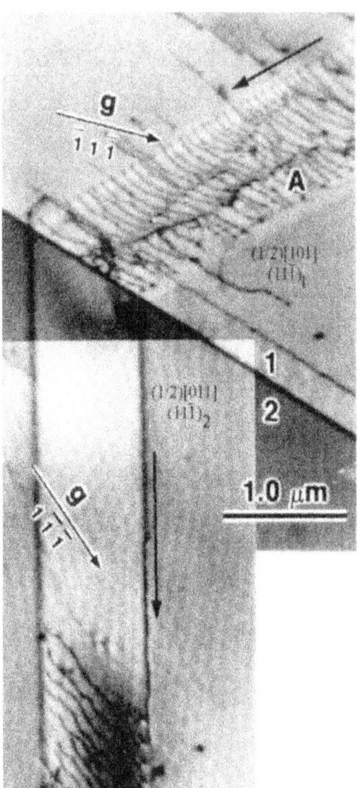

Fig. 5.7 – Observación mediante microscopía electrónica de un apilamiento de dislocaciones sobre un borde de grano y transferencia de la banda de deslizamiento al grano vecino.

La **Fig. 5.7** muestra un apilamiento de dislocaciones sobre un borde de grano (arriba) y

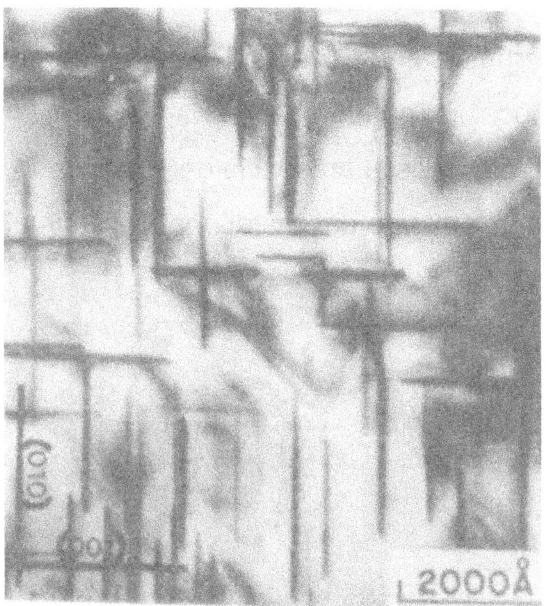

Fig. 5.8 – Precipitados en una aleación Al – 6% Cu.

transferencia de la banda deslizamiento al grano adyacente (abajo).

Hemos visto entonces que dos de los recursos más eficaces para endurecer una aleación es mediante la reducción de su tamaño de grano y mediante la producción de microfases o precipitados que actúen como barrera al movimiento de las dislocaciones. La aleación Al - Cu es un típico ejemplo de aleación endurecible por precipitación. Mediante un tratamiento térmico apropiado es posible producir precipitados que resultan eficaces para incrementar la resistencia mecánica. En particular, las aleaciones de aluminio de uso aeronáutico deben su elevada resistencia a este mecanismo de endurecimiento.

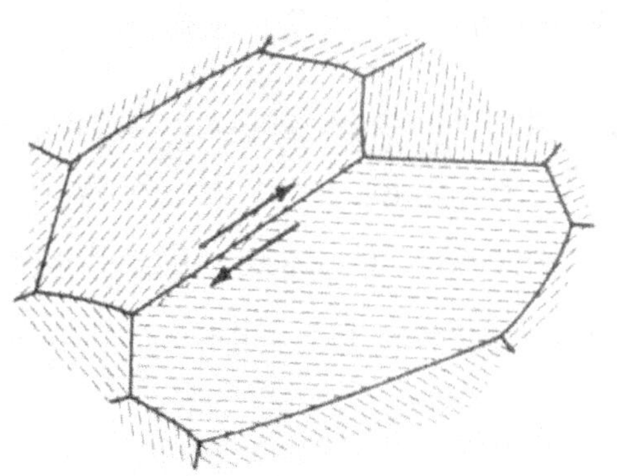

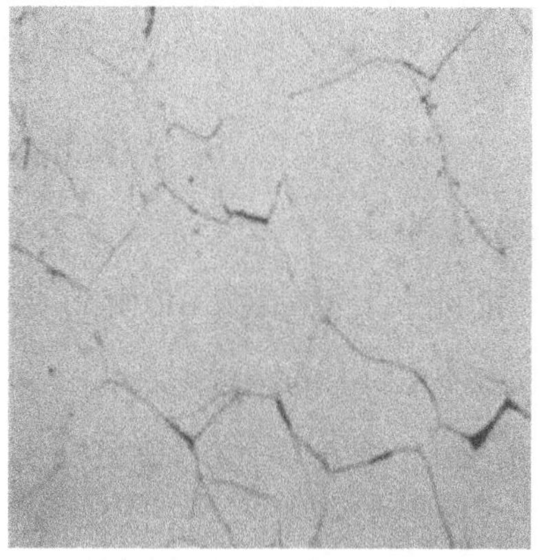

Fig. 5.9 – Fisuras en borde de grano producidas por deslizamiento a alta temperatura (Creep)

La **Fig. 5.8** muestra la microfase metaestable θ´ (Al_2Cu) en una aleación Al-6% Cu vista en el microscopio electrónico de transmisión. Estos precipitados tienen forma de disco de 100-150

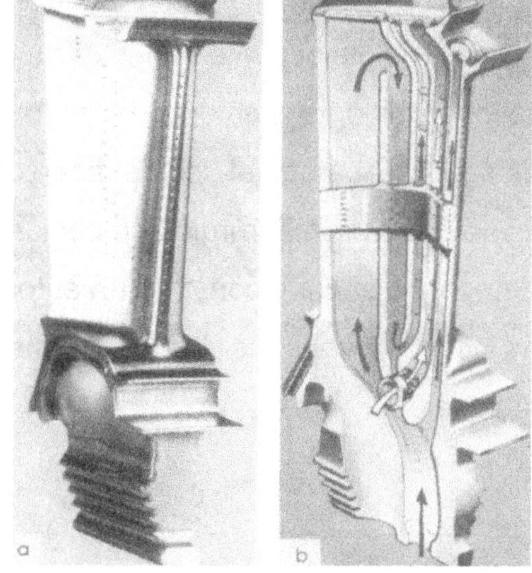

Fig. 5.10 – Alabes de turbina aeronáutica de diseño avanzado

Å de espesor y entre 100 y 6000 Å de diámetro.

A temperaturas elevadas, los bordes de grano de un material policristalino pueden sufrir un deslizamiento relativo como lo muestra la **Fig. 5.9**. Esto puede resultar en fisuras intergranulares como se muestra en la parte derecha de la misma figura correspondiente a un acero inoxidable austenítico AISI 316 conteniendo fisuras nucleadas por creep en los bordes de grano.

La **Fig. 5.10** muestra alabes de turbina aeronáutica de superaleación de base Ni. La imagen de la derecha corresponde a un diseño avanzado refrigerado por aire. Estos elementos deben mantener adecuada resistencia mecánica y estabilidad dimensional en ambientes agresivos a temperaturas de aproximadamente 1000ºC.

La elevada resistencia mecánica de las super-aleaciones de base Ni y su resistencia al creep se deben fundamentalmente al endurecimiento por precipitación producido por la fase γ' (Ni_3AlTi) a la resistencia al deslizamiento de borde de grano provisto por los carburos intergranulares ($M_{23}C_6$) como se ilustra en la **Fig. 5.11**.

Un ejemplo elocuente de las dificultades para efectuar predicciones sobre desarrollos tecnológicos es el constituido por los materiales de uso automotriz. Cuando se pensaba que el uso del acero en el automóvil ya no dejaba lugar a mejoras, la industria siderúrgica en conjunto con la automotriz ha logrado recientemente diseñar y construir un automóvil de estructura de acero que es 24% más liviano y 34% más resistente a un costo inferior al de los autos convencionales.

Este sorprendente logro pudo obtenerse mediante la explotación de los modernos conocimientos de las transformaciones de fase en aceros y del control termomecánico de su microestructura. En la **Fig. 5.12** se observa a la derecha el modelo de Bain para explicar la transformación de austenita cúbica centrada en las caras en martensita tetragonal centrada en el cuerpo que constituye una fase de alta dureza. La presencia de átomos intersticiales de Carbono juega un rol protagónico en esta transformación (no se muestran en la figura). A la derecha abajo, el aspecto que puede presentar la martensita en una observación metalográfica. La foto corresponde al metalurgista alemán Adolf Martens, que si bien no participó del estudio de la martensita, fue denominada así en reconocimiento a sus contribuciones a la metalurgia.

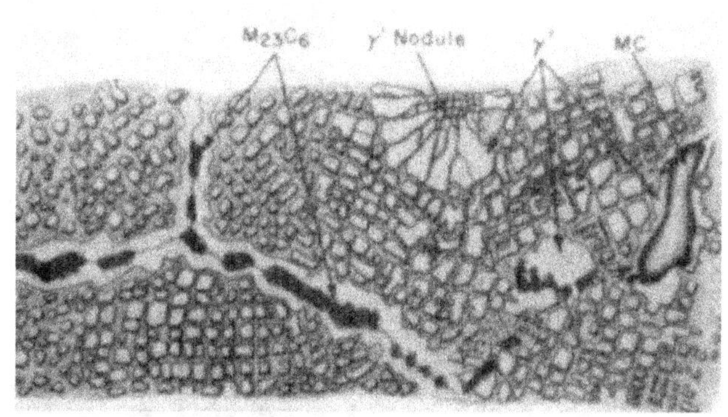

Fig. 5.11 – Microfases y precipitados presentes en una superaleación de base Ni.

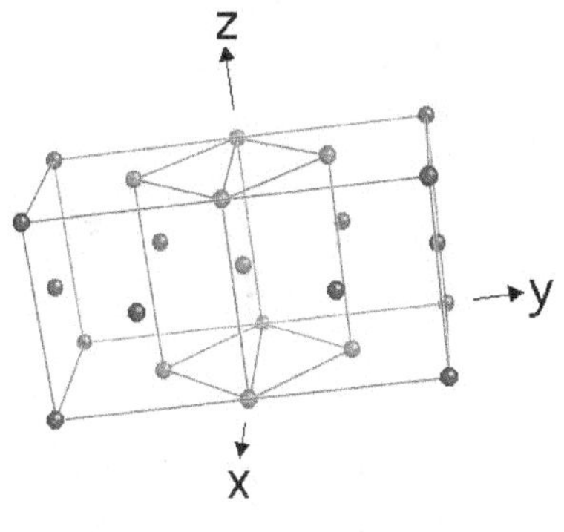

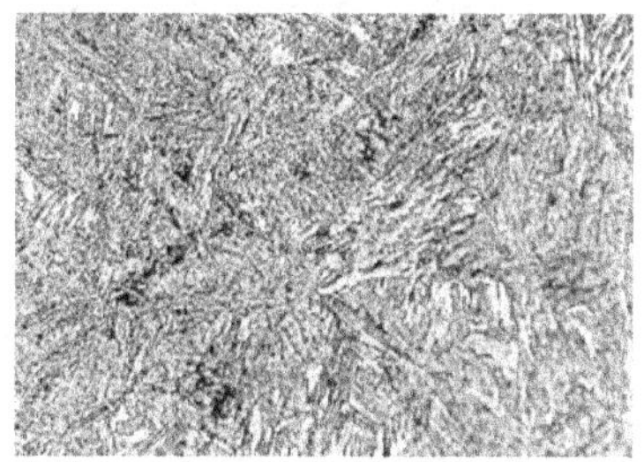

Fig. 5.12 – Transformación martensítica y aspecto típico de la martensita en una observación metalográfica.

La bainita, identificada por Bain y Davenport hacia 1930, es otro constituyente microestructural que junto con la Martensita, permite obtener aceros con excelente combinación de resistencia mecánica y tenacidad. La **Fig. 5.13** muestra el aspecto de la bainita en una observación mediante microscopía electrónica de transmisión. Nótese la fina estructura en forma de bastones de ferrita que este constituyente microestructural posee y que es un factor contribuyente a su excelente combinación de resistencia mecánica y tenacidad. Los aceros más avanzados en la actualidad hacen uso de estos constituyentes microestructurales para lograr excepcionales propiedades mecánicas. Ejemplos de estos últimos son los aceros inoxidables super-martensíticos, los aceros al C-Mn de fase dual y los aceros TRIP.

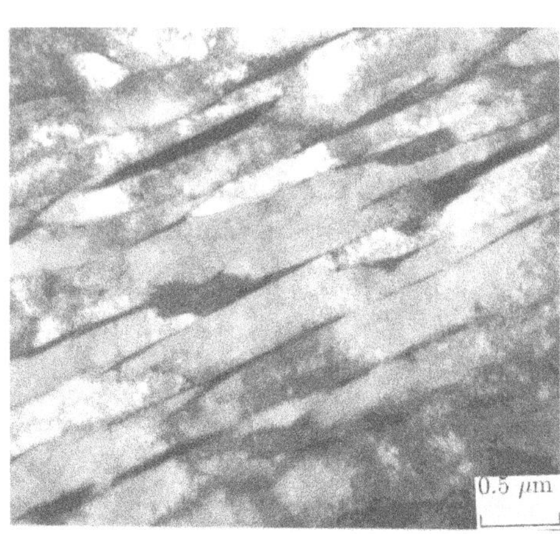

Fig. 5.13 – Aspecto de la bainita observada en el microscopio electrónico

En la **Fig. 5.14** se pueden ver micrografías electrónicas de transmisión mostrando la subestructura de las placas de martensita **(a)** y la elevada densidad de dislocaciones en la ferrita adyacente a la

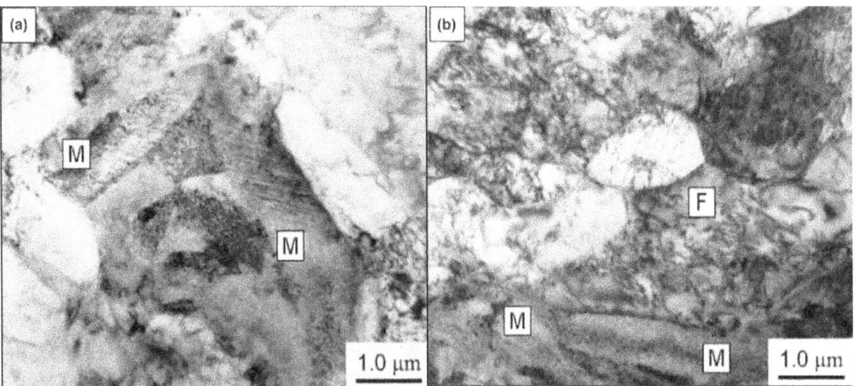

Fig. 5.14 – Micrografías electrónicas mostrando la subestructura de las placas de martensita (a) y la alta densidad de dislocaciones en la ferrita adyacente a la martensita en aceros de fase dual (b).

martensita en aceros de grano ultrafino de fase dual **(b)**. En estos aceros de última generación, el tamaño de grano ferrítico es del orden de 1 μm y la fracción en volumen de martensita de aproximadamente 30%, con resistencias a la tracción del orden de 1000 MPa.

Los nuevos desarrollos en aceros deben necesariamente ir acompañados de avances paralelos en el campo de la soldadura. En este sentido, la forma de mejorar la resistencia mecánica y la tenacidad de una soldadura es también a través del control microestructural. Trabajos realizados por distintos investigadores en los años '70, condujeron a la observación que la ferrita acicular, es la microestructura óptima para el metal de soldadura de aceros ferríticos, ya que conduce a una adecuada combinación de resistencia

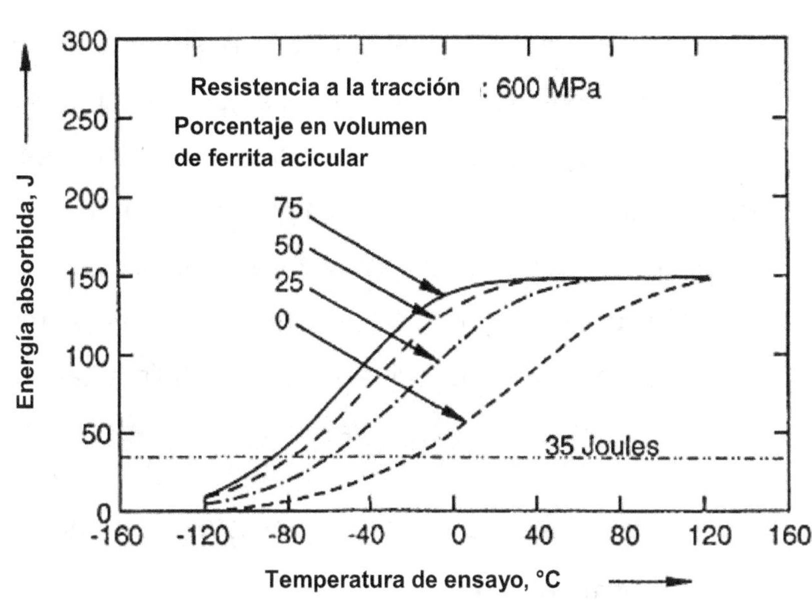

Fig. 5.15 – Modificación del rango de temperaturas de transición dúctil-frágil con el contenido de ferrita acicular en una soldadura de acero ferrítico.

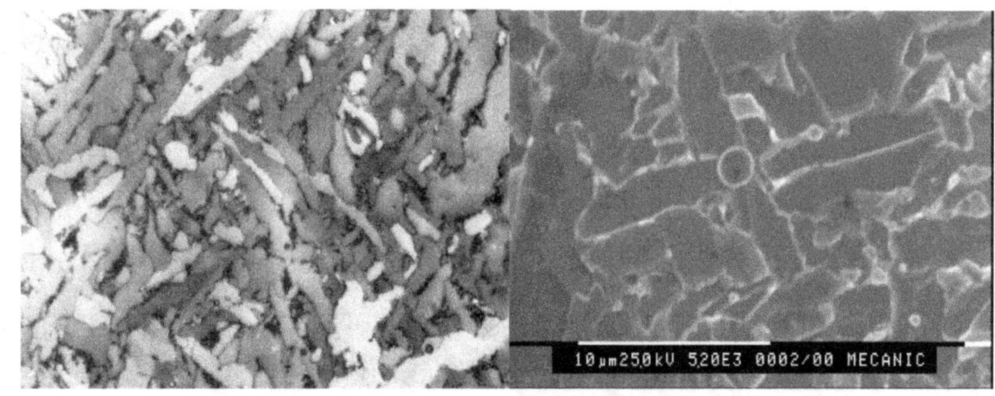

Fig. 5.16 – Ferrita acicular observada mediante microscopio electrónico de barrido. A la derecha, nucleación de placas de ferrita acicular en una partícula, posiblemente óxido.

y tenacidad a la fractura a baja temperatura. La **Fig. 5.15** ilustra de qué modo la temperatura de transición dúctil-frágil desciende a medida que aumenta en el depósito de soldadura la proporción del microconstituyente ferrita acicular.

La razón por la cual este constituyente otorga buenas propiedades al cordón de soldadura es debido a que posee una microestructura de grano extremadamente fino, del orden de algunos micrones, con una elevada relación de aspecto del aproximadamente 0.1 y con una gran desorientación entre placas lo que resulta eficaz para impedir la propagación de fracturas por clivaje. La **Fig. 5.16** muestra a la izquierda el aspecto que presenta la ferrita acicular al microscopio electrónico de barrido y a la derecha un detalle con mayor resolución mostrando el rol que juegan algunas inclusiones no metálicas tales como pequeñas partículas de óxido en la nucleación de las placas de ferrita acicular.

5.2 Lo mejor de ambos mundos: los materiales estructurales compuestos.

Los materiales estructurales denominados *compuestos* son combinaciones de distintos materiales, tanto en lo que hace a su tipo como a su morfología, que permiten obtener en el compuesto un comportamiento mecánico determinado en función de su aplicación prevista en servicio. Es así que un material compuesto puede estar constituido por ejemplo por una matriz polimérica reforzada con fibras o con partículas, como pueden serlo fibras de carbono o partículas cerámicas. El popular material de construcción constituido por hormigón reforzado con varillas de acero es otro ejemplo frecuente. De este modo es posible optimizar la respuesta mecánica del material a las cargas de servicio, logrando un balance ideal entre resistencia mecánica y tenacidad. Para entender los principios en los que se basa el diseño de los materiales compuestos más comunes en aplicaciones estructurales, como son los reforzados por fibras o por partículas, haremos a continuación un análisis simplificado de su comportamiento mecánico.

a) Análisis por isodeformación

Consideremos a título de ejemplo un material compuesto por una matriz polimérica reforzado por fibras largas, es decir que se extienden a toda la longitud de la matriz y que se encuentra sometido a un esfuerzo en la dirección paralela a las fibras como se muestra esquemáticamente en la **Fig. 5.17**. Es evidente que en tal situación la deformación que experimentará el compuesto es la misma que experimentará la matriz y similar a la de la fibra. De manera que llamando ε_c a la deformación unitaria del compuesto, ε_m a la de la matriz y ε_f a la de la fibra, podemos escribir

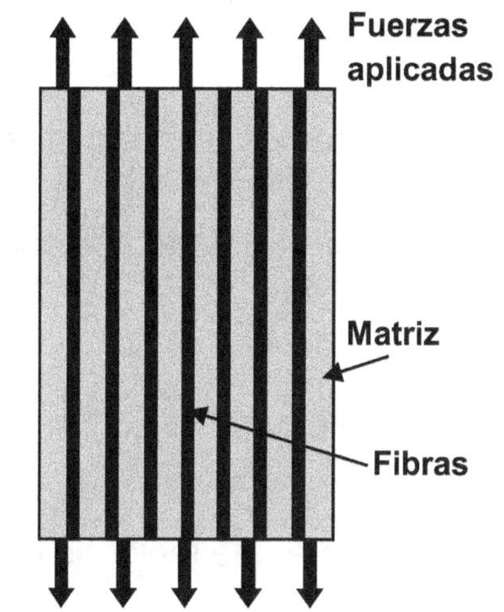

Fig. 5.17 – Compuesto reforzado por fibras largas solicitado en isodeformación

$$\varepsilon_c = \varepsilon_m = \varepsilon_f \qquad (5.1)$$

Por otra parte, llamando σ_c a la tensión media actuante sobre el compuesto, σ_m a la tensión actuante sobre la matriz y σ_f a la de la fibra, es

$$\sigma_c A_c = \sigma_m A_m + \sigma_f A_f \qquad (5.2)$$

donde A_c, A_m y A_f son las secciones transversales del compuesto, la matriz y la fibra respectivamente.

Introduciendo ahora la fracción volumétrica de matriz V_m y la fracción volumétrica de fibra V_f y aceptando que las mismas pueden ser aproximadas por los cocientes:

$$\frac{A_m}{A_c} \cong V_m \; ; \quad \frac{A_f}{A_c} \cong V_f \qquad (5.3)$$

de manera que dividiendo ambos miembros de **(5.2)** por A_c y teniendo en cuenta **(5.3)**, resulta

$$\sigma_c = \sigma_m V_m + \sigma_f V_f = \sigma_m (1 - V_f) + \sigma_f V_f \qquad \textbf{(5.4)}$$

donde hemos utilizado la relación $V_m + V_f = 1$

Por otra parte, teniendo en cuenta la ley de Hooke, es

$$\sigma_c = E_m \varepsilon_m V_m + E_f \varepsilon_f V_f = E_c \varepsilon_c \qquad \textbf{(5.5)}$$

de manera que teniendo en cuenta la **(5.1)**, simplificando resulta

$$E_c = E_m V_m + E_f V_f = E_m (1 - V_f) + E_f V_f \qquad \textbf{(5.6)}$$

Las **(5.5)** y **(5.6)** son muy importantes porque nos permiten estimar la resistencia y el módulo de elasticidad del compuesto respectivamente. Sin embargo es necesario tener en cuenta que en general la deformación de fractura de la fibra puede ser inferior a la de la matriz, de modo que la contribución de ésta a la resistencia del compuesto será $\sigma'_m(1-V_f)$, donde σ'_m es la tensión de la matriz a la deformación de rotura de la fibra. De manera que la resistencia del compuesto estará dada por

$$\sigma_c = \sigma'_m V_m + \sigma_f V_f = \sigma'_m (1 - V_f) + \sigma_f V_f \qquad \textbf{(5.7)}$$

Si V_f es menor a un valor crítico, la resistencia del compuesto es inferior que la de la matriz actuando sola como se muestra en la **Fig. 5.18**. Esto se debe a que por debajo de tal valor crítico la matriz es capaz de transmitir una carga superior a la de las fibras si aquella presenta un endurecimiento por deformación apreciable.

Por lo tanto la **(5.7)** es válida si se cumple que $\sigma_c > \sigma_u(1-V_f)$, donde σ_u es la resistencia última de la matriz. Introduciendo esta condición en la **(5.7)**, obtenemos que $V_{crít} = 1/[1+\sigma_f(\sigma_u - \sigma'_m)]$.

Hasta aquí hemos considerado el caso en que las fibras se extienden en toda la longitud del compuesto. Sin embargo, muchas veces las fibras son cortas y por lo tanto discontinuas. Cuando las fibras son discontinuas, la resistencia teórica del compuesto es inferior a la resistencia ideal dada por la **(5.7)** para un compuesto con fibras largas.

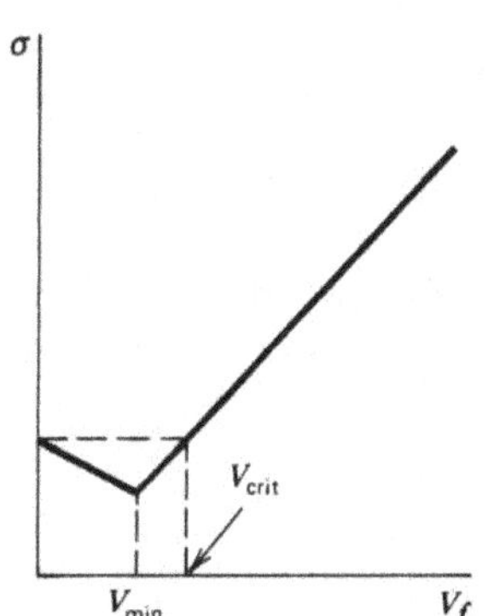

Fig. 5.18 – Resistencia del compuesto en función de la fracción volumétrica de fibra.

Analizaremos las tensiones actuantes en una fibra corta (de longitud inferior a la de la matriz). El estudio de la distribución de tensiones en el compuesto muestra que la carga aplicada es transferida a la fibra a través de tensiones tangenciales que actúan a lo largo de la interface matriz-fibra en la vecindad de los extremos de la fibra como se muestra en la **Fig. 5.19**.

Para el caso de una fibra cilíndrica de radio r, estas tensiones tangenciales producen una tensión normal axial a lo largo de la fibra, dada por

$$\sigma_{zz}\pi r^2 = \tau_{rz} 2\pi r l_t$$

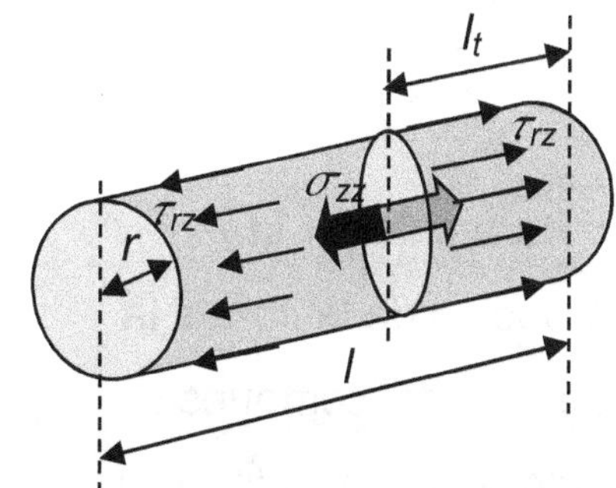

Fig. 5.19 – Fibra corta solicitada por las tensiones tangenciales transmitidas por la matriz.

donde σ_{zz} es la tensión normal que actúa

longitudinalmente en la fibra, τ_{rz} es la tensión tangencial actuando en la interfase matriz-fibra y l_t es la longitud de transferencia de esta tensión tangencial medida a partir de ambos extremos de la fibra. De modo que resulta

$$\sigma_{zz} = \frac{2\tau_{rz} l_t}{r}$$

Obsérvese que en los extremos de la fibra es σ_{zz} ya que allí es $l_t = 0$, y aumenta hacia el centro de la fibra. Cuando σ_{zz} se hace igual a la resistencia de la fibra σ_f la misma se romperá o se deformará plásticamente. Cuando se alcanza esta condición se cumple

$$\sigma_f = \frac{2\tau_{rz} l_{tc}}{r} \qquad \textbf{(5.8)}$$

donde l_{tc} es la *longitud de transferencia crítica* y l_c es la longitud crítica de fibra para la cual se alcanza en el punto medio de su longitud la tensión de rotura o de fluencia de la fibra. De manera que

$$l_{tc} = \frac{l_c}{2} \qquad \textbf{(5.9)}$$

Para calcular la contribución de la fibra a la resistencia del compuesto, consideremos la distribución de la tensión normal en la fibra indicada en la **Fig. 5.20**. La **Fig. 5.20 (a)** muestra el caso de una fibra de longitud crítica, mientras

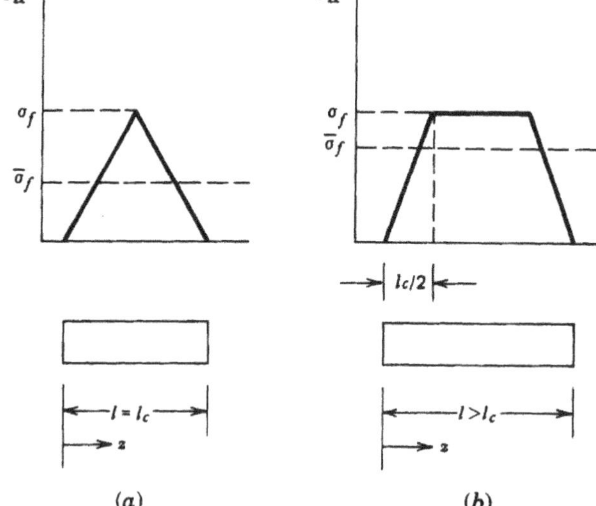

Fig. 5.20 - Fibra de longitud crítica (a), fibra de longitud mayor a la crítica y donde se asume deformación plástica de la fibra en su porción central (b).

que la **Fig. 5.20 (b)** corresponde al caso de una fibra de longitud mayor a la crítica y donde se asume deformación plástica de la fibra en su porción central.

En el primer caso, podemos definir una tensión media equivalente de fibra, como

$$\bar{\sigma}_f = \frac{\sigma_f\left(\frac{l_c}{2}\right)}{l_c} = \frac{\sigma_f}{2} \qquad \textbf{(5.10)}$$

En el segundo caso, la tensión equivalente de fibra será

$$\bar{\sigma}_f = \frac{\sigma_f l - \sigma_f\left(\frac{l_c}{2}\right)}{l} = \sigma_f\left(1 - \frac{l_c}{2l}\right) \qquad \textbf{(5.11)}$$

de modo que la resistencia del compuesto para este último caso, es

$$\sigma_c = \sigma_f\left(1 - \frac{l_c}{2l}\right)V_f + \sigma'_m\left(1 - V_f\right) \qquad \textbf{(5.12)}$$

donde nuevamente σ'_m es la tensión en la matriz a la deformación de fractura de la fibra y $l_c/2$ se obtiene de las **(5.8)** y **(5.9)**, como

$$l_c = \frac{\sigma_f r}{2\tau_{rz}} \qquad \textbf{(5.13)}$$

Obsérvese que cuando $l >> l_c$ recuperamos la expresión **(5.7)** que corresponde a la resistencia de un compuesto con fibras continuas. La tensión de corte τ_{rz} es la resistencia al corte de la interface o de la matriz según la que sea menor. Dado que τ_{rz} transfiere el esfuerzo de la matriz a la fibra, depende de las condiciones de adherencia en la interface matriz/fibra, por lo que la resistencia del compuesto depende críticamente de la integridad de esta interface.

b) Influencia de la orientación de las fibras.

Hasta aquí sólo hemos considerado un compuesto reforzado por fibras solicitado en isodeformación, es decir cuando el esfuerzo aplicado tiene la misma dirección que las fibras. Consideraremos ahora los modos de falla del compuesto en función de la orientación de las fibras con relación a la dirección en que se encuentra aplicado el esfuerzo.

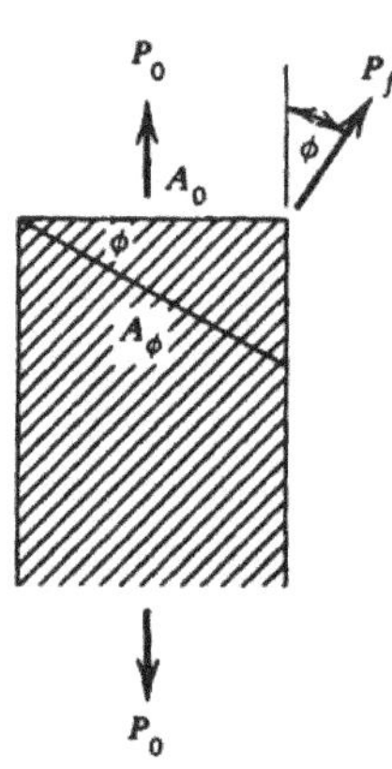

Fig. 5.21 – Compuesto solicitado por una fuerza que forma un ángulo ϕ genérico con relación a la dirección de las fibras.

Para ello analicemos el caso genérico que se ilustra en la **Fig. 5.21** en que la orientación de las fibras y la dirección del esfuerzo forman un ángulo ϕ.

Resulta entonces

$$A_\phi = \frac{A_o}{Cos\phi}$$

y

$$P_f = P_o Cos\phi$$

De manea que la tensión normal que actúa en el compuesto en la dirección de las fibras, es

$$\sigma_c = \frac{P_f}{A_\phi} = \frac{P_o Cos\phi}{A_o / Cos\phi} = \sigma_o Cos^2\phi \qquad \textbf{(5.14)}$$

donde

$$\sigma_o = \frac{P_o}{A_o}$$

La sección sujeta a esfuerzos de corte en la dirección paralela a las fibras, es

$$A_s = \frac{A_o}{Sen\phi}$$

siendo la correspondiente tensión de corte

$$\tau_m = \frac{P_f}{A_s} = \frac{P_o Cos\phi}{A_o / Sen\phi} = \sigma_o Sen\phi Cos\phi \qquad \textbf{(5.15)}$$

La tensión normal que actúa en la dirección perpendicular a las fibras, es

$$\sigma_N = \frac{P_N}{A_s} = \frac{P_o Sen\phi}{A_o / Sen\phi} = \sigma_o Sen^2\phi \qquad \textbf{(5.16)}$$

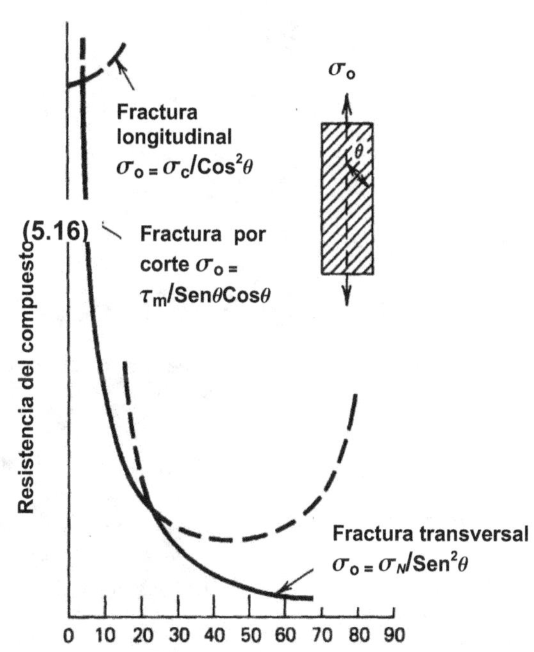

Fig. 5.22 – Resistencia a la rotura de un compuesto en función de la desalineación del esfuerzo con relación a la dirección de las fibras.

Ahora bien, el modo de rotura del compuesto dependerá de la orientación relativa de la dirección de las fibras y del esfuerzo con que se lo solicita. Si la resistencia del compuesto a la rotura longitudinal es σ_c, la resistencia a la rotura por corte en la dirección de las fibras es τ_m y la resistencia a la fractura normal a las fibras es σ_N, la resistencia σ_o y el modo de rotura del compuesto dependerá de la orientación relativa de las fibras y el esfuerzo en la forma en que se muestra en la **Fig. 5.22**.

Los materiales compuestos permiten obtener combinaciones de propiedades imposibles de obtener con un solo tipo de material. Entre los materiales compuestos se destacan, como ya hemos dicho, los reforzados por fibras o por partículas. En la **Fig. 5.23** pueden verse diversos perfiles estructurales hechos con este tipo de compuesto.

c) Mejorando la tenacidad a la fractura

Los compuestos permiten hoy contar con materiales estructurales de propiedades imposibles de lograr mediante un único componente.

Fig. 5.23 – Elementos estructurales de materiales compuestos reforzados por fibras.

Las relaciones que se obtienen entre resistencia y peso son lo suficientemente atractivas para que estos materiales hayan adquirido un rol protagónico en la industria aeronáutica y automotriz, para mencionar sólo dos aéreas de aplicación. Las industrias del entretenimiento y el deporte también se han visto en los últimos años fuertemente beneficiadas con la introducción de estos materiales. Basta comparar una antigua raqueta de tenis de manera con una moderna de fibra de carbono para darse cuenta de las diferencias entre ambas. Lo mismo puede decirse para los palos de golf, esquíes, patines, bicicletas, etc. No hace falta enfatizar el impacto que los materiales compuestos han tenido en otras áreas menos glamorosas como la de fabricación de elementos de seguridad, basta pensar en las pistolas austríacas Glock o en los chalecos antibalas de Kevlar, y en la industria bélica en general.

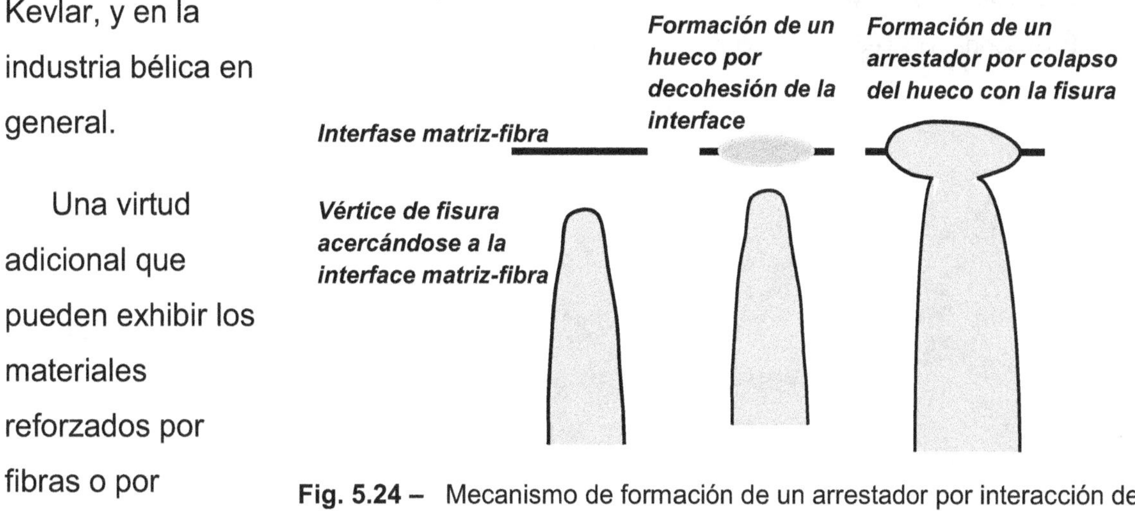

Fig. 5.24 – Mecanismo de formación de un arrestador por interacción del vértice de la fisura con la interface matriz-fibra.

Una virtud adicional que pueden exhibir los materiales reforzados por fibras o por partículas, es su resistencia a la fractura frágil. Efectivamente, con la adherencia adecuada entre la matriz y la fibra, puede obtenerse el resultado que muestra la **Fig. 5.24**. Si la adherencia de la interface es muy alta, la fisura que se acerca en dirección más o menos normal a la interfase, podrá atravesarla y continuar el proceso de fractura. En cambio con la adherencia adecuada, el campo de tensiones asociado al vértice de la fisura producirá localmente una decohesión de la fibra con la matriz formando un hueco que al colapsar finalmente con la fisura elimina la agudeza en su vértice y puede actuar como un eficaz arrestador del avance de la fisura.

Referencias

5.1. Martínez Vidal, C. "*Sabato en CNEA*", CNEA-UNSAM, Buenos Aires, 1996.

5.2. Philips, R. "*Crystals, Defects and Microstructures: Modeling across scales*" Cambridge University Press, Cambridge, 2001.

5.3. Svoboda, H. "*La teoría de dislocaciones desde la epistemología de Lakatos*, Trabajo Final, Curso de Filosofía de las Ciencias Naturales, FIUBA, 2000.

5.4. Cottrell, A. "*An introduction to metallurgy*", 1975.

5.5. Kou, S. "*Welding metallurgy*" 2nd Ed., 2002.

5.6. Pickering, F.B. "*Physical Metallurgy and the Design of Steels*" Materials Science Series, Science Publishers, London, 1978.

5.7. Abe, N.; Kitada, T.; Miyata, S. Transactions of the JWS, Vol.11, 4, 1980, pp.29-34.

5.8. Lancaster, J.F. "*Metallurgy of Welding*" 4th.Ed., 1987.

5.9. Svoboda, H.; Tesis de Doctorado, FIUBA, 2002

6. Cómo se degradan los materiales estructurales en servicio.

6.1 El enemigo sigiloso: la fatiga mecánica.

Los materiales estructurales, como prácticamente todo lo que existe en la tierra, sufren una degradación como consecuencia de la naturaleza de medio ambiente en el cual deben desempeñarse y a las solicitaciones mecánicas a las que se encuentran expuestos. Dentro del primer grupo podemos incluir la temperatura, la agresividad del medio, que puede ser ácido, alcalino, oxidante, neutro, etc., la presencia de radiación ionizante, como en el caso de los componentes de un reactor en una central nuclear de generación de energía, radiación ultravioleta, etc. De todas estas variables, consideraremos más adelante sólo el efecto de las altas temperaturas de servicio que dan origen al fenómeno de degradación que se conoce como *creep* que es particularmente relevante para componentes de la industria aeroespacial, de generación de energía, petroquímica, y de refinación de petróleo.

Por el momento, digamos que los tres mecanismos de degradación en servicio más importantes y más generales de los materiales estructurales, son:

- Fatiga mecánica
- Corrosión
- Creep

Comenzamos con el análisis del primero de ellos, que es el fenómeno de *fatiga mecánica*.

En presencia de *cargas fluctuantes*, es decir de intensidad variable, en el vértice de discontinuidades geométricas más o menos agudas se produce un fenómeno de deformación elasto-plástica cíclica a partir del cual puede producirse la iniciación de una fisura por fatiga. La condición superficial y la naturaleza del medio cumplen un rol importante sobre la resistencia a la fatiga, esto es sobre el número de ciclos necesarios para que aparezca la fisura. Desde un punto de vista ingenieril, cuando la fisura adquiere una longitud de aproximadamente 0.25 mm se acepta habitualmente que se ha completado la etapa de iniciación. A partir de ahí se considera que se está en la etapa de extensión o de crecimiento estable que eventualmente culmina en la rotura final de la sección remanente. La proporción de la vida total que corresponde a la etapa de iniciación aumenta hacia la región de alto ciclo, entendiéndose habitualmente por tal a aquella en la cual la iniciación se produce en no menos de aproximadamente 10^4 ciclos.

La naturaleza esencialmente multiparamétrica del fenómeno de fatiga, en el que la influencia de los distintos parámetros no puede en general considerarse de manera aislada, constituye la razón de la gran dispersión que generalmente acompaña a los resultados experimentales relacionados con este fenómeno. En general, puede decirse que las predicciones sobre vida a la fatiga efectuadas en base a datos generales publicados y la teoría existente, son tan imprecisas como lo son los pronósticos de mediano plazo en meteorología o economía. Sin embargo, a diferencia de lo que ocurre en estas disciplinas, la realización de ensayos específicos de fatiga aplicados a situaciones particulares, permite incrementar la capacidad de predicción hasta el límite habitual en las ciencias mecánicas.

El ensayo a la fatiga básico es el concebido por A.Wöhler (1819 - 1914) en el cual una probeta lisa, entallada o el componente mismo es sometido a una carga variable de amplitud constante determinándose el

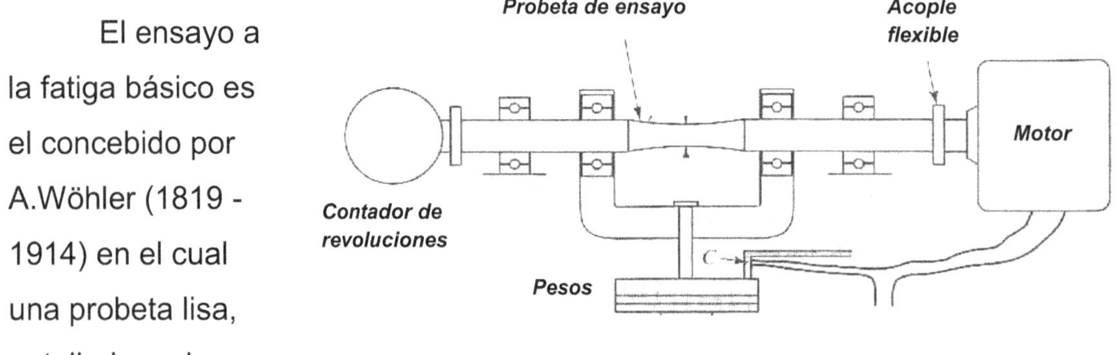

Fig. 6.1 – Máquina de Moore para ensayos de fatiga por flexión rotativa.

número de ciclos necesarios para que se produzca la iniciación de la fisura por fatiga o una dada cantidad de propagación, P.Ej. 50% de la sección.

La **Fig. 6.1** muestra esquemáticamente una máquina de ensayo a la fatiga por flexión rotativa. La probeta se encuentra sometida a un estado de flexión pura y las tensiones actuantes en una fibra a cierta distancia del eje neutro cambia de signo cada medio giro de la probeta, es decir pasa de tracción a compresión y viceversa. De esta manera las fibras estarán sometidas a una tensión alternativa cuya amplitud será máxima para las más alejadas del eje de la probeta.

Los métodos para caracterizar la resistencia a la fatiga en términos de amplitudes o rangos de tensión utilizando datos experimentales obtenidos a partir de probetas lisas emergieron de los trabajos de Wöhler (1860) sobre fatiga de ejes de vagones ferroviarios. En este enfoque, probetas cilíndricas lisas son ensayadas a la fatiga por flexión, flexión rotativa, tracción-compresión, o tracción-tracción uniaxial. En tales ensayos, la amplitud de tensión $\sigma_a = (\sigma_{Máx} - \sigma_{Mín})/2$, o el rango de tensión $\Delta\sigma = \sigma_{Máx} - \sigma_{Mín}$ se grafica en función del número de ciclos a la falla como lo muestra la **Fig. 6.2**. Para tener totalmente caracterizado el ciclo de cargas, es necesario especificar, además del rango o la amplitud de tensiones, la tensión media definida como $\sigma_{Med.} = (\sigma_{Máx} + \sigma_{Mín})/2$. En general, los ensayos a la fatiga se hacen para valores de $\sigma_{Med.} = 0$ ó $\sigma_{Med.} = 0.5$.

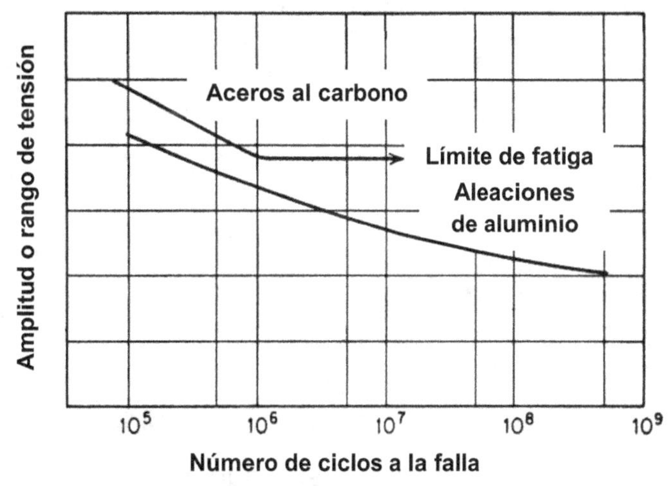

Fig. 6.2 – Curvas de Wöhler típicas de resistencia a la fatiga para aceros al C y para aleaciones de Al.

Puede verse que algunos materiales, como los aceros al carbono, exhiben lo que se denomina *límite de fatiga*. Este límite de fatiga representa una amplitud o rango de tensiones por debajo del cual la vida a la fatiga se hace infinita, es decir no se produce la iniciación de la fisura por fatiga por alto que sea el número de ciclos de carga. Otros materiales en cambio, como por ejemplo las aleaciones de aluminio, no poseen este límite y siempre existe un número de ciclos de carga que resulta en la aparición de la fisura por fatiga por bajo que sea la amplitud o el rango de tensiones.

Un caso particularmente dramático de falla por fatiga es el que ocurrió con relación a los jet comerciales británicos De Havilland-Comet en la década del ´50. Este avión, primer jet comercial, que puede verse en la **Fig. 6.3**, sufrió fallas en vuelo que condujeron a la pérdida total de vidas y material. El problema fue identificado luego como la iniciación y posterior crecimiento inadvertido de fisuras por fatiga a partir de las esquinas de las ventanillas de la aeronave como se muestra en la misma figura.

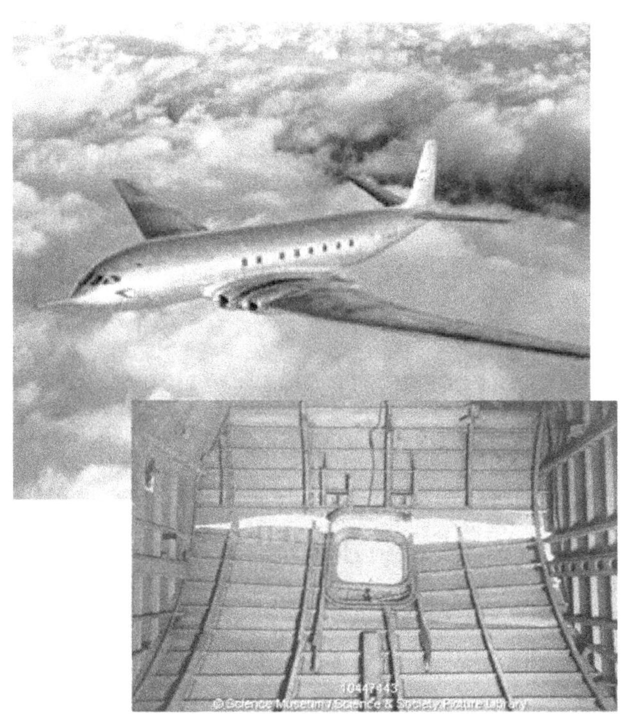

Fig. 6.3 – De Havilland-Comet en vuelo y la rotura por fatiga del fuselaje a partir de una fisura iniciada por fatiga (prueba hecha en tierra).

Otro caso de trágicas consecuencias provocado por la inadvertida iniciación y posterior crecimiento de fisuras por fatiga fue el desastre que condujo al naufragio de la plataforma de exploración submarina Alexander Kielland en marzo de 1980 en el Mar del Norte en el que perecieron 123 tripulantes. La **Fig. 6.4** muestra una fotografía de la plataforma tomada poco antes del desastre y luego del hundimiento.

Estos ejemplos tan trágicos ilustran con elocuencia el desarrollo del proceso de falla por fatiga. Este comienza con la nucleación de una pequeña fisura, normalmente asociada a la presencia de alguna discontinuidad geométrica como puede serlo una entalla o un defecto de soldadura como una falta de fusión o de penetración. Si la discontinuidad es una fisura preexistente, el proceso entra directamente en la etapa de propagación con lo que la vida a la fatiga se reduce substancialmente. De no haber una fisura preexistente, la generación por fatiga de la misma insume en general un número de ciclos mucho mayor que el requerido para alcanzar la falla final del componente. Efectivamente, una vez completada la etapa de iniciación, que puede considerarse culmina cuando la fisura ha alcanzado una dimensión del orden de una fracción de milímetro, comienza la etapa de crecimiento estable o subcrítico en la que la fisura crece una pequeña longitud con cada ciclo de carga aplicado. Cuando la extensión de la fisura es tal que o bien la sección remanente es incapaz de soportar la carga del siguiente ciclo o bien porque se ha alcanzado la longitud crítica de fractura, se produce el colapso virtualmente instantáneo de la sección remanente lo que conduce frecuentemente a la rotura catastrófica del elemento afectado.

Fig. 6.4 – Fotografías de la Alexander Kielland tomadas antes y después de la catástrofe.

Muchas veces la fatiga se encuentra asociada con la existencia de tensiones de origen térmico. Dado que estas tensiones térmicas surgen como consecuencia de la expansión térmica de los materiales, en estos casos el fenómeno se encuentra controlado por deformación más que por tensión. Por otra parte, en muchas aplicaciones prácticas los componentes experimentan un cierto grado de restricción estructural, es decir tienen limitada sus posibilidades de deformación, especialmente en la región de los concentradores de tensión por lo que en tales casos, aún en ausencia de variaciones en la temperatura resulta más apropiado considerar la vida a la fatiga de un componente como controlada por deformación más que controlada por tensión.

6.2 Corrosión

Otro de los mecanismos de degradación de materiales estructurales que hemos mencionado es el de corrosión. Se entiende por corrosión en general a la degradación que pueden sufrir los materiales como consecuencia del contacto e interacción de los mismos con su medio ambiente. Es posible distinguir dos tipos básicos de corrosión: la de origen químico y la de origen electroquímico. El primer tipo corresponde a reacciones químicas, de las cuales las más importantes son la oxidación y la sulfuración y se produce esencialmente en medios gaseosos secos. El segundo tipo es el más frecuente e implica reacciones electroquímicas, es decir reacciones químicas acompañadas de un flujo de corriente eléctrica (iones y electrones) y se produce en presencia de medios líquidos o húmedos.

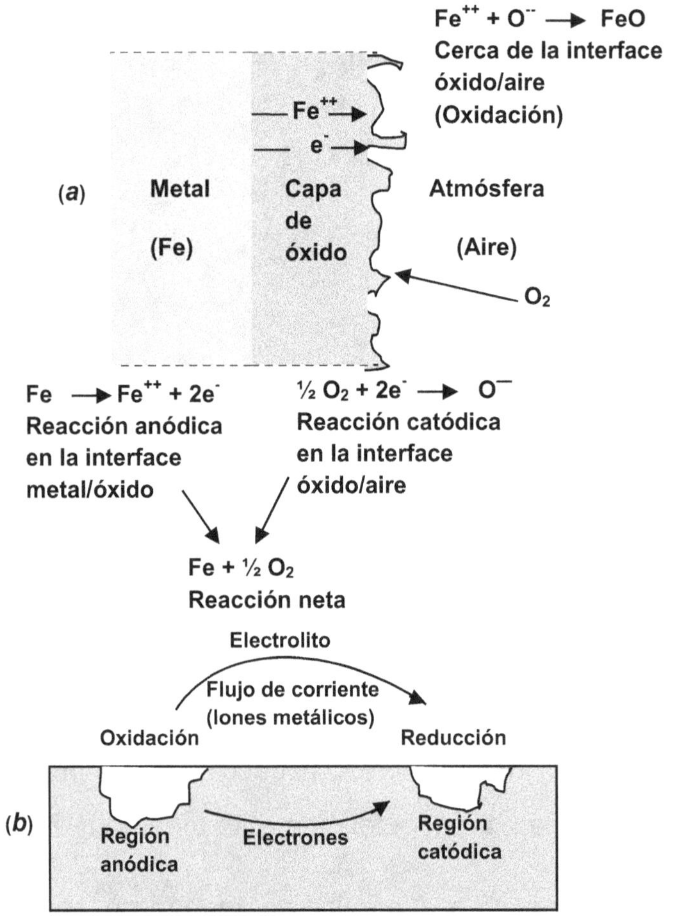

Fig. 6.5 – (*a*) Proceso de oxidación de un metal (Fe); (*b*) Corrosión electroquímica.

Oxidación metálica: Es el fenómeno de corrosión química en el cual un metal se combina con otra especie atómica o molecular con pérdida de electrones. Un proceso típico es la oxidación del hierro según la reacción

$$Fe + \frac{1}{2}O_2 \rightarrow FeO$$

Es importante destacar que si bien esta reacción es la más común, el átomo no metálico no tiene que ser necesariamente oxígeno.

Si bien la ecuación anterior representa la reacción neta, la misma está compuesta por la dos reacciones siguientes: la oxidación del Fe a ion Fe++ con pérdida de dos electrones y la reducción de un átomo de O al ion O-- con ganancia de dos electrones. Finalmente, los iones Fe^{++} y O^{--} se neutralizan entre sí en la interface metal/atmósfera formando FeO.

Obsérvese que a medida que la reacción progresa y la capa de óxido va aumentando de espesor, la continuidad del proceso depende de la movilidad de los iones de Fe y electrones desde la superficie metálica hasta la superficie de la capa de óxido en contacto con la atmósfera, lo que va limitando progresivamente la velocidad de crecimiento de dicha capa.

Corrosión metálica: La corrosión metálica en medios líquidos o húmedos progresa vía mecanismos electroquímicos. Esto significa que el metal desarrolla zonas anódicas y catódicas. Estas zonas anódicas y catódicas pueden estar permanentemente separadas y ser de localización fija o variar su posición en el tiempo como ocurre en el caso de un metal sumergido en un medio ácido, como se ilustra en la **Fig. 6.5 (*b*)** que ilustra la naturaleza electroquímica del proceso corrosivo.

Esto requiere:

a) La formación de zonas anódicas y catódicas.

b) Ambas zonas deben estar en contacto eléctrico.

c) Ambas zonas deben estar en contacto con un medio líquido (electrolito) que permita el transporte de iones.

Las reacciones en el ánodo son siempre de oxidación (pérdida de electrones) y las del cátodo son siempre de reducción (ganancia de electrones). De modo que en el ánodo las reacciones son del tipo

$$\underset{\text{(Metal)}}{Fe} \rightarrow \underset{\text{(Ion en solucion)}}{Fe^{++}} + 2e^-$$

con el ion Fe++ incorporándose en solución al electrolito, mientras que en el cátodo las reacciones son del tipo

$$\underset{\text{(En solución)}}{O_2} + 4e^- + 2H_2O \rightarrow \underset{\text{(En solución)}}{4OH^-}$$

o bien del tipo

$$\underset{\text{(En solución)}}{2H^+} + 2e^- \rightarrow \underset{\text{(Gas)}}{H^2}$$

De manera que la disolución (corrosión) del metal se produce en las zonas anódicas mientras que las catódicas permanecen protegidas. En una pieza metálica la formación de zonas anódicas y catódicas puede obedecer a variaciones locales en la composición, a cambios locales en la concentración del electrolito o a cambios locales de temperatura. Sin embargo, la situación más común se presenta cuando dos metales diferentes se encuentran en contacto eléctrico en presencia de un medio acuoso constituyendo lo que se llama una celda electrolítica galvánica como se muestra en la **Fig. 6.6**.

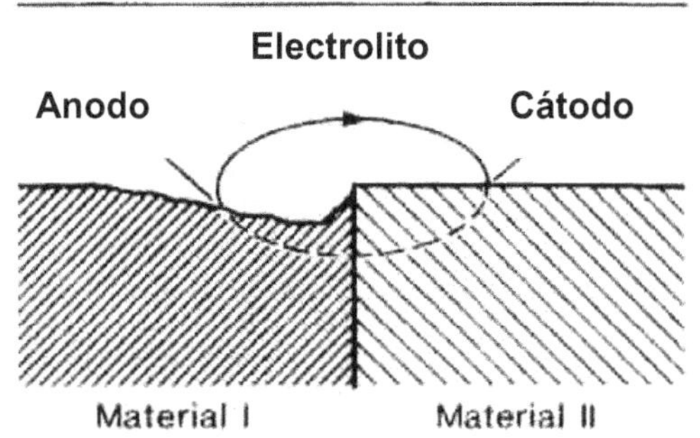

Fig. 6.6 – Celda galvánica formada por dos metales diferentes en contacto y con la presencia de un medio electrolito.

Obsérvese que el ánodo es siempre el electrodo desde el cual la corriente ingresa al electrolito y el cátodo es siempre el electrodo al cual ingresa la corriente desde el electrolito. Un metal es anódico respecto de otro cuando su potencial de electrodo es más bajo que el del otro metal. La **Tabla 6.1** muestra los potenciales estándar o normales de electrodos tomados con respecto a un electrodo de referencia (de hidrógeno).

Tabla 6.1

Reacción	E^0/ Volts
F_2 (g) + 2 e^- ↔ 2 F^-	+ 2,870
Ce^{+4} + e^- ↔ Ce^{3+}	+1,720
Cl_2 (g) + 2 e^- ↔ 2 Cl^-	+ 1,358
Au^{+3} + 3 e^- ↔ Au	+ 1,498
O_2 + 4 H^+ + 4 e^- ↔ 2 H_2O	+ 1,229
Ag^+ + e^- ↔ Ag	+ 0,799
Cu^{2+} + 2 e^- ↔ Cu	+ 0,342
2 H^+ + 2 e^- ↔ H_2	0,000
Pb^{2+} + 2 e^- ↔ Pb	- 0,126
Fe^{2+} + 2 e^- ↔ Fe	- 0,447
Zn^{2+} + 2 e^- ↔ Zn	- 0,763
Ti^{2+} + 2 e^- ↔ Ti	- 1,630
Al^{3+} + 3 e^- ↔ Al	- 1,662
Mg^{2+} + 2 e^- ↔ Mg	- 2,372
Na^+ + e^- ↔ Na	- 2,714
Li^+ + e^- ↔ Li	- 3,045

Es importante destacar que este listado de potenciales de electrodo varía con el medio y la temperatura. Por lo que no se puede tomar como una referencia universal. La **Fig. 6.7** muestra un caso típico de corrosión atmosférica en tanques de almacenamiento de combustible en una refinería.

Fig. 6.7 – Corrosión atmosférica en tanques de almacenamiento de combustible en una refinería.

6.3 Creep

Finalmente, consideraremos un mecanismo de degradación que afecta a los materiales en general, sean estos metales, plásticos, cerámicos o vidrios, cuando deben operar por encima de una cierta temperatura característica de cada uno. Por tal motivo, este mecanismo de degradación se torna muy importante en el diseño y selección de materiales estructurales que deben operar a temperaturas elevadas.

Las deformaciones elásticas y plásticas que sufre un material se suelen idealizar asumiendo que las mismas se producen de manera instantánea al aplicarse la fuerza que las origina. La deformación que puede desarrollarse posteriormente en algunas situaciones y que progresa en general con el tiempo, se conoce con el nombre de *creep*.

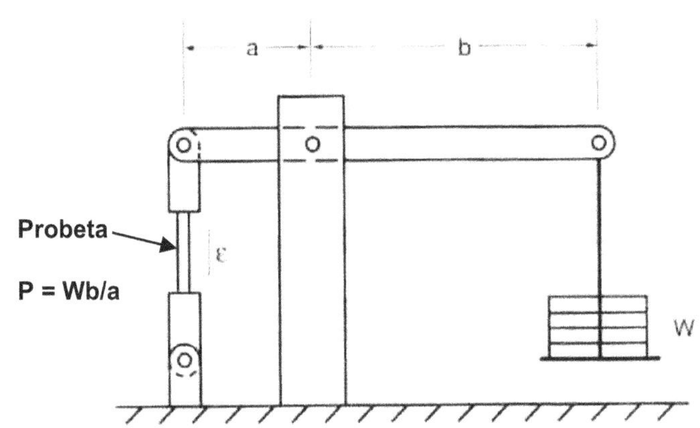

Fig. 6.8 – Máquina de ensayo de creep a carga constante.

Para los materiales metálicos y los cerámicos, la deformación por creep se torna significativa por encima del rango de temperaturas 0.3/0.6 T_f, donde T_f es la temperatura absoluta de fusión del material. Por el contrario, para los vidrios y polímeros la temperatura a la cual los fenómenos de creep se tornan importantes se encuentra alrededor de la temperatura T_g de transición vítrea del material. De manera que mientras los metales en general no sufrirán efectos de creep a temperatura ambiente, muchos vidrios y polímeros lo harán.

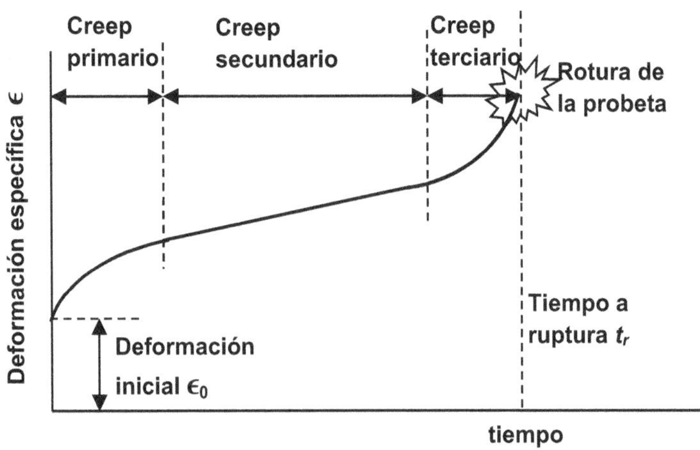

Fig. 6.9 – Curva característica de un ensayo de creep a carga constante.

La adecuada selección de materiales para servicio a alta

temperatura es un factor esencial en el diseño resistente al creep. En general, las aleaciones metálicas empleadas contienen elementos tales como Cr, Ni, y Co en distintas proporciones según las características específicas buscadas.

El método más común y simple de ensayo de creep es aplicar una carga constante a una barra en tensión o en compresión a la temperatura de interés. La **Fig. 6.8** muestra esquemáticamente una máquina para tal tipo de ensayo. Los resultados de tales ensayos se pueden representar en un gráfico deformación vs. tiempo, que adoptan en general la forma que se muestra en la **Fig. 6.9**.

La curva anterior es típica de un ensayo a tensión ingenieril o carga constante. Pueden identificarse en ella tres etapas denominadas creep primario, secundario y terciario respectivamente. Durante la etapa I o de creep primario, la velocidad de deformación $d\varepsilon/dt$ disminuye progresivamente hasta alcanzar un valor constante que marca el comienzo de la etapa II de creep secundario también llamada de creep estacionario. Finalizada esta etapa se observa un aumento de la velocidad de deformación que conduce a fenómenos de estricción y rotura (etapa III). El parámetro habitualmente empleado para caracterizar la resistencia al creep en ensayos realizados a carga constante (normalmente de 1000 horas o menos) es el tiempo a ruptura t_r para una dada tensión ingenieril y una dada temperatura (*Rupture Creep Tests*).

En un ensayo a tensión verdadera constante, significativamente más complejo de realizar que un ensayo a carga constante[10], la etapa III difiere notablemente con respecto a un ensayo a carga constante, por lo que aquél puede prolongarse de 2000 a 10000 horas o más. En este tipo de ensayos de larga duración, el parámetro más importante es la velocidad de deformación estacionaria o sea la velocidad de deformación en la etapa de creep secundario en

---

[10] Tengamos en cuenta que en un ensayo a tensión verdadera constante, es necesario monitorear de alguna manera en cada instante la sección de la probeta y ajustar adecuadamente la carga para mantener esa tensión verdadera constante, lo que se logra generalmente utilizando máquinas de ensayo de lazo cerrado.

lugar del tiempo a ruptura. Mientras que en los ensayos de carga constante, la deformaciones involucradas son del orden del 50%, en los de tensión verdadera constante normalmente no superan 0.5%.

Fig. 6.10 – Aspecto típico de "boca de pescado" de la ruptura por creep de una tubería de vapor.

La elección de los resultados de uno u otro tipo de ensayo depende esencialmente del tipo de servicio previsto para el componente estructural en cuestión. Si se trata por ejemplo de la selección del material para la construcción de una cámara de combustión para un misil de combustible sólido que deberá operar a alta temperatura por pocos minutos, obviamente el ensayo más representativo de tal servicio es un ensayo de corta duración a carga constante. Si por el contrario, se debe seleccionar un material para la fabricación de un recipiente de presión que debe trabajar a alta temperatura durante 25 años, la información más representativa será la obtenida en un ensayo de larga duración, es decir a tensión verdadera constante. La **Fig. 6.10** muestra el aspecto característico que presenta la rotura por creep de una tubería de vapor de acero que ha prestado servicio prolongado a alta temperatura.

Referencias

6.1 R.W.Evans, B.Wilshire "*Introduction to Creep*", The Institute of Materials, U.K., 1993.

6.2 N.E.Dowling "*Mechanical Behavior of Materials*", 2$^{a.}$ Ed., Prentice Hall, USA, 1999.

6.3 R.W.Hertzberg "*Deformation and Fracture Mechanics of Engineering Materials*", 4a. Ed., John Wiley & Sons, Inc., USA, 1996.

Apéndices

A.1

Si consideramos la longitud instantánea L de la barra en un dado momento del ensayo de tracción, un incremento infinitesimal de la carga dP producirá un incremento infinitesimal de la longitud dL. De modo que para ese incremento infinitesimal de longitud podemos definir un incremento diferencial de deformación verdadera como

$$d\varepsilon = \frac{dL}{L} \qquad \textbf{(A1.1)}$$

De manera que la deformación verdadera total de la barra estará dada por

$$\varepsilon = \int_{L_o}^{L} d\varepsilon = \int_{L_o}^{L} \frac{dL}{L} = \ln\frac{L}{L_o} \qquad \textbf{(A1.2)}$$

por lo que la deformación verdadera se la conoce también como *deformación natural* o *deformación logarítmica*.

B.1

Para hacer el análisis más general, asumamos que la porción de viga considerada está sometida a una carga distribuida de valor w. Estamos imponiendo que la porción de viga se encuentra en equilibrio bajo la acción simultánea de los momentos flexores y esfuerzos de corte que actúan a uno y otro lado de la porción de viga considerada y de la carga distribuida w. Como estamos considerando una longitud de viga infinitesimal, no cometemos

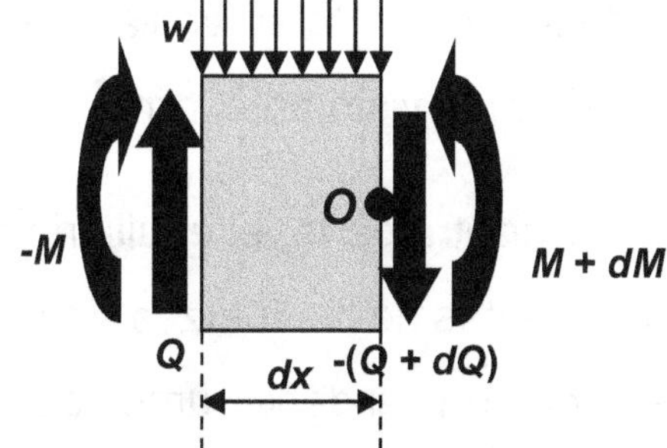

Fig. B1.1 – Tramo infinitesimal de viga en equilibrio bajo la acción de cargas distribuidas, momentos flexores y esfuerzos de corte.

un error significativo si efectivamente consideramos que la carga distribuida es constante sobre dicha longitud. Como ya hemos visto, los momentos flexores y los esfuerzos de corte pueden en general variar sobre dicha longitud, por lo que asumimos un cambio diferencial para los momentos flexores y esfuerzos de corte que actúan a ambos lados del elemento como se muestra en la figura.

Considerando ahora que la condición de equilibrio estático impone que la suma de todo los momentos respecto de un punto cualquiera debe ser nula, tomando la suma de los momentos respecto del punto *O*, respetando ahora la convención de signos de la estática que hemos definido más arriba, tenemos que

$$-M+(M+dM)-Q.dx-w.dx.\frac{dx}{2}=dM-Q.dx-w.\frac{dx^2}{2}\cong$$
$$\cong dM-Q.dx=0$$

donde hemos ignorado la contribución del término cuadrático en *dx* por constituir un infinitésimo de orden superior. De modo que resulta

$$Q=\frac{dM}{dx} \qquad \textbf{(B1.1)}$$

Lo que la **(4.6)** nos dice es que si el momento flexor se mantiene constante, el esfuerzo de corte se anula, que es precisamente lo que habíamos encontrado en el ejemplo visto anteriormente.

Por otra parte, el equilibrio de fuerzas exige que la suma de las componentes de las fuerzas en cualquier dirección sea nula, por lo que en la dirección vertical debe cumplirse que

$$Q-w.dx-(Q+dQ)=-w.dx-dQ=0$$

de modo que

$$w = -\frac{dQ}{dx} \qquad \textbf{(B1.2)}$$

Notemos que el signo menos en el miembro de la derecha de la **(B.2)**, surge debido a que estamos considerando una carga distribuida que actúa en el sentido negativo del eje vertical, como ocurre generalmente en una viga, por ejemplo por la acción de su propio peso.

B.2

Hemos visto que asumiendo comportamiento elástico de la viga, es

$$\sigma = E\varepsilon = \frac{Ey}{R} \qquad \textbf{(B2.1)}$$

Ahora bien, la fuerza actuante sobre un elemento de sección *dA*, será

$$dF = \sigma dA = \frac{Ey}{R} dA$$

pero la condición de equilibrio de fuerzas en la dirección longitudinal exige que

$$\int_A \frac{Ey}{R} dA = \frac{E}{R}\int_A y dA = 0$$

de manera que

$$\int_A y dA = \bar{y} A = 0 \qquad \textbf{(B2.2)}$$

es decir

$$\bar{y} = 0$$

Si ahora tenemos en cuenta que la primera igualdad de la **(B2.2)** representa por definición la posición $\bar{y}$ del baricentro de la sección, y dado que tomamos *y* con referencia al eje neutro de la sección, la anulación de $\bar{y}$ nos dice que el eje neutro pasa por el baricentro de la sección (si se cumple la ley de Hooke).

Por otra parte, es

$$dM = ydF = y\left(\frac{Ey}{R}dA\right)$$

Integrando resulta

$$M = \int_A \frac{Ey^2}{R}dA = \frac{E}{R}\int_A y^2 dA = \frac{EI}{R} \qquad \textbf{(B2.3)}$$

donde $I = \int_A y^2 dA$ es por definición el *momento de inercia geométrico* de la sección respecto del eje neutro transversal. Por ser *I* una característica de la geometría de la sección, se encuentra generalmente tabulado en los manuales de perfiles normales.

Ahora bien, eliminado *R* entre **(B2.1)** y **(B2.3)**, obtenemos

$$\sigma = \frac{My}{I} \qquad \textbf{(4.11)}$$

B.3

Consideremos ahora nuevamente una porción infinitesimal de viga sobre la cual el momento flexor es variable. Podemos plantear el equilibrio de fuerzas sobre un elemento *abcd* como se muestra en la **Fig. B3.1**, teniendo en cuenta

$$\sigma = \frac{My}{I}$$

que según la **(4.11)**, para la sección *ac* es

$$\sigma = \frac{(M + dM)y}{I}$$

mientras que para la sección *bd*, es

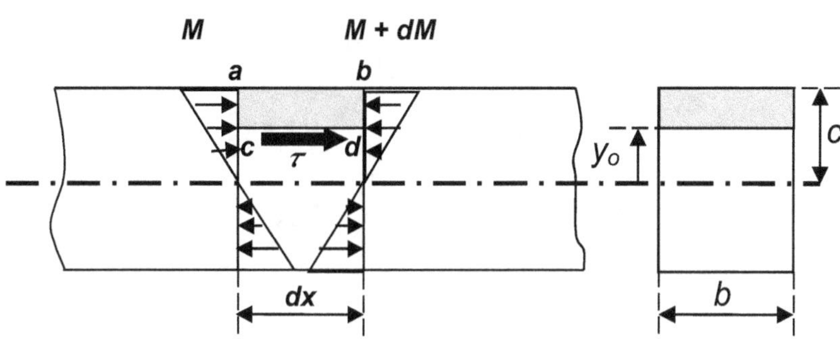

Fig. B3.1 – Equilibrio de una porción infinitesimal de viga sujeta a un momento flexor variable.

Sobre la cara izquierda del elemento actuará entonces una fuerza

$$\sigma dA = \frac{My}{I} dA \qquad \textbf{(B3.1)}$$

y sobre la cara derecha tendremos

$$\sigma' dA = \frac{(M + dM)y}{I} dA \qquad \textbf{(B3.2)}$$

Vemos inmediatamente que la suma de la **(B3.1)** y **(B3.2)** no se anula, de modo que la condición de equilibrio sobre el elemento impone la existencia de una tensión de corte τ, tal que

$$\sum F_x = \int_{y_o}^{c} \frac{My}{I} dA - \int_{y_o}^{c} \frac{(M+dM)y}{I} dA + \tau b dx = 0$$

o bien

$$\tau = \frac{1}{Ib} \frac{dM}{dx} \int_{y_o}^{c} y dA$$

Teniendo en cuenta que según la **(B1.2)**, es

$$\frac{dM}{dx} = Q$$

resulta

$$\tau = \frac{V}{Ib} \int_{y_o}^{c} y dA \qquad \textbf{(B3.3)}$$

Es importante destacar que si bien la **(B3.3)** es válida estrictamente para secciones rectangulares, es decir de espesor *b* uniforme, suele utilizársela en forma aproximada para secciones no rectangulares que exhiben plano de simetría.

Tengamos en cuenta que *y* es la ordenada genérica medida con respecto al eje neutro transversal de la sección,

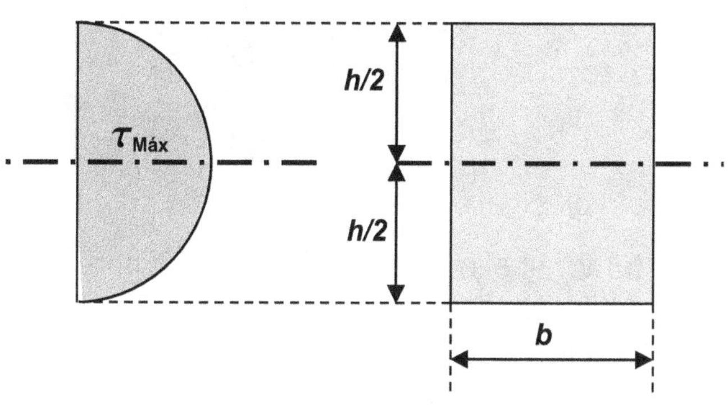

Fig. B3.2 – Distribución de tensiones de corte en una viga se sección rectangular de altura *h* y ancho *b*.

de modo que la integral $\int_{y_o}^{c} ydA$ se hará máxima para $y_o = 0$, y nula para $y_o = c$, por lo que la **(B3.3)** tomará valores extremos en esos puntos. La **Fig. B3.2** muestra la distribución de tensiones de corte en una viga de sección rectangular.

B.4

Para ver esto consideremos el caso de una viga simplemente apoyada bajo la acción de una carga concentrada como se muestra en la **Fig. B4.1**

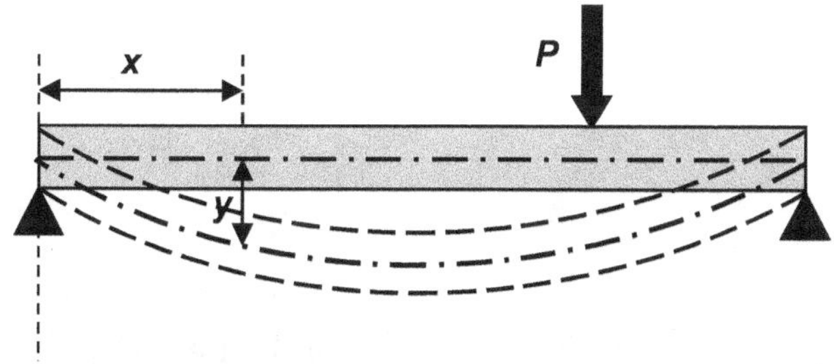

Fig. B4.1 – Deformación elástica de una viga simplemente apoyada sometida a una carga concentrada.

$$M = \frac{EI}{R}$$

Hemos visto que según **(4.10)**, es

donde *R* es el radio de curvatura que adopta la viga deformada en la sección en la que el momento flexor es *M*, de manera que podemos escribir

$$\frac{1}{R}=\frac{M}{EI} \qquad \textbf{(B4.1)}$$

por lo tanto, si el momento flexor *M* varía a lo largo de la viga, también lo hará el radio de curvatura *R*.

Por otra parte, el cálculo nos enseña que es

$$\frac{1}{R}=\frac{d^2y/dx^2}{\left[1+\left(\frac{dy}{dx}\right)^2\right]^{3/2}} \qquad \textbf{(B4.2)}$$

donde *dy*/*dx* es la pendiente de la curva elástica definida por el eje neutro longitudinal (llamada usualmente *la elástica* de la viga).

Ahora bien, para pequeñas deformaciones, es $dy/dx < 1$ y por lo tanto $(dy/dx)^2 << 1$, de modo que la **(B4.2)** queda

$$\frac{1}{R}\cong\frac{d^2y}{dx^2} \qquad \textbf{(B4.3)}$$

Eliminado ahora *R* entre **(B4.1)** y **(B4.3)**, obtenemos

$$EI\frac{d^2y}{dx^2}=M \qquad \textbf{(B4.4)}$$

que es la llamada *ecuación de Euler-Bernoulli* de la viga.

Esta ecuación, que es de fundamental importancia en la teoría de vigas, permite obtener la flecha *y* que se produce en cada sección de la viga mediante una doble integración. Efectivamente, integrando la **(B4.4)**, obtenemos

$$\frac{dy}{dx} = \frac{M}{EI}x + C_1 \qquad \textbf{(B4.5)}$$

por lo que integrando nuevamente, resulta

$$y = \frac{M}{2EI}x^2 + C_1 x + C_2 \qquad \textbf{(B4.6)}$$

que es la ecuación general de la elástica de la viga. Las constantes de integración C_1 y C_2 se obtienen en función de las condiciones de borde particulares del problema que en este caso dependen del tipo de sujeción o soporte de la viga. Por ejemplo, para una viga simplemente apoyada, sabemos que para $x = 0$, debe cumplirse

$$y\big|_{x=0} = C_2 = 0$$

mientras que para $y = L$, debe ser (con $C_2 = 0$)

$$y\big|_{x=L} = \frac{M}{2EI}L^2 + C_1 L = 0$$

por lo que resulta $C_1 = -ML/2EI$. De manera que la ecuación de la elástica para una viga simplemente apoyada, queda

$$y = \frac{M}{2EI}(x^2 - Lx) \qquad \textbf{(B4.7)}$$

B.5

Ahora bien, hemos visto que la ecuación de Euler-Bernoulli **(B4.4)** para una viga y que por lo tanto es aplicable también a una columna, es

$$EI\frac{d^2y}{dx^2} = M \qquad \textbf{(B5.1)}$$

siendo en este caso

$$M = -Py$$

de manera que

$$EI\frac{d^2y}{dx^2} = -Py$$

Ahora bien, llamando

$$\frac{P}{EI} = k^2 \qquad \textbf{(B5.2)}$$

$$\frac{d^2y}{dx^2} + k^2y = 0$$

resulta

Esta es una ecuación conocida cuya solución general es

$$y = C\,Senkx + D\,Coskx$$

Ahora bien, para $x = 0$ es $y = 0$, de modo que $D = 0$, mientras que para $x = L$ es también $y = 0$, de manera que o bien $C = 0$, lo que constituye una solución trivial, o *Sen* $kL = 0$. De manera que debe cumplirse que

$$kL = n\pi \quad (n = 1, 2, 3, \ldots) \qquad \textbf{(B5.3)}$$

por lo tanto, eliminado k entre la **(B5.2)** y la **(B5.3)**, resulta

$$\sqrt{\frac{P}{EI}}L = n\pi$$

o bien

$$P = \frac{n^2\pi^2 EI}{L^2} \qquad \textbf{(B5.4)}$$

La carga crítica corresponde al valor de n que hace mínima la **(B5.4)**, de manera que resulta

$$P_{Crít.} = \frac{\pi^2 EI}{L^2} \qquad \textbf{(B5.5)}$$

www.ingramcontent.com/pod-product-compliance
Lightning Source LLC
Chambersburg PA
CBHW080913170526
45158CB00008B/2093
9781090958303